中学基礎がため100%

できた！
中2理科

生命・地球（第2分野）

KUMON

中2 理科 生命・地球（2分野） ▶ 本書の特長と使い方

本シリーズは，基礎からしっかりおさえ，十分な学習量によるくり返し学習で，確実に力をつけられるよう，各学年2分冊にしています。「**物質・エネルギー（1分野）**」と「**生命・地球（2分野）**」の2冊そろえての学習をおすすめします。

◆ 本書の使い方　※ 1 2 …は，学習を進める順番です。

1 単元の最初でこれまでの復習。

「復習」と「復習ドリル」で，これまでに学習したことを復習します。

2 各章の要点を確認。

左ページの「学習の要点」を見ながら，右ページの「基本チェック」を解き，要点を覚えます。基本チェックは要点の確認をするところなので，配点はつけていません。

3 3ステップのドリルでしっかり学習。

「基本ドリル（100点満点）」・
「練習ドリル（50点もしくは100点満点）」・
「発展ドリル（50点もしくは100点満点）」の3つのステップで，くり返し問題を解きながら力をつけます。

4 最後にもう一度確認。

「まとめのドリル（100点満点）」・
「定期テスト対策問題（100点満点）」で，最後の確認をします。

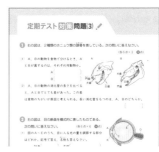

テスト前に，4択問題で最終チェック！

テスト前
5科4択
4択問題アプリ「中学基礎100」

くもん出版アプリガイドページへ ▶ 各ストアからダウンロード
＊アプリは無料ですが，ネット接続の際の通話料金は別途発生いたします。

「中2理科　生命・地球（2分野）：パスワード　2876493

中2理科｜目次

1 植物の芽ばえとからだ

① **植物の芽ばえ** 植物の種をまくと，やがて芽が出て，子葉がひらく。しばらくすると，葉が出てくる。

② **植物のからだ** 植物のからだは，葉・茎・根からできている。

③ **種子の発芽の条件と養分** 種子が発芽するためには，「水」「空気」「適当な温度」が必要。発芽するときは，種子の中のデンプンを養分として使う。

④ **植物の成長の条件** 植物が成長するためには，「水」「空気」「適当な温度」のほかに，日光と肥料が必要。

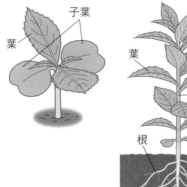

2 植物のからだのつくりとはたらき

① **日光と葉のデンプン** 植物の葉に日光が当たると，デンプンがつくられる。

・日光に当てた葉を，湯に入れてやわらかくし，あたためたエタノールにつけて緑色をぬく。この葉にヨウ素液をつけると，青紫色になる。

→デンプンができていたから。

② **水の通り道** 植物の根・茎・葉には，水の決まった通り道がある。根からとり入れられた水は，この通り道を通って，からだ全体に運ばれる。

③ **蒸散** 根から茎の中を通って運ばれてきた水は，葉から水蒸気となって出ていく。これを蒸散という。

・ジャガイモなどの葉のついた茎に，ポリエチレンの袋をかぶせておくと，袋の内側が白くくもる。

→蒸散によって出された水蒸気が，水滴となって袋についたから。

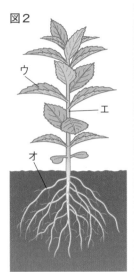

復習ドリル

1 図1は，芽ばえから少したったころのホウセンカ，図2は育ってからのホウセンカのようすである。図中のア〜オは何とよばれる部分か。それぞれ書きなさい。

図1　　　　　図2

ア〔　　　　　〕　イ〔　　　　　〕

ウ〔　　　　　〕　エ〔　　　　　〕

オ〔　　　　　〕

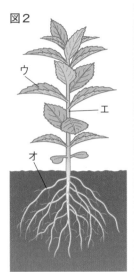

2 ある日の夕方，ジャガイモの3枚の葉をアルミニウムはくで包んだ。次の日，それぞれの葉を，右の表のようにした。次の問いに答えなさい。

ア	朝，アルミニウムはくをはずしてすぐに，ヨウ素液で調べる。
イ	朝，アルミニウムはくをはずした後，数時間日光に当ててからヨウ素液で調べる。
ウ	アルミニウムはくで包んだまま，数時間日光に当ててからヨウ素液で調べる。

(1) ヨウ素液で調べたとき，葉の色が青紫色になるのはどれか。ア〜ウから選びなさい。　〔　　　　　〕

(2) デンプンができた葉を，ア〜ウから選びなさい。〔　　　　　〕

(3) この実験から，葉でデンプンがつくられるためには，何が必要だとわかるか。　〔　　　　　〕

(4) 葉には，養分をつくるはたらきのほかに，からだの中の水を水蒸気として外に出すはたらきもある。

① この水蒸気となって出ていくことを何というか。

〔　　　　　〕

② この水は，植物のからだのどこから吸収したものか。

〔　　　　　〕

思い出そう

◀イは，芽ばえのときに最初にひらくものである。

◀エは，植物のからだを支えている。また，根から，からだの中にとり入れた水の通り道がある。

◀ヨウ素液は，デンプンがあるかどうかを調べるために用いる。デンプンがあると，青紫色になる。

◀ア〜ウでちがっているのは，葉に日光が直接当たっている時間である。

◀植物が生えている土にふくまれている水を吸収する。

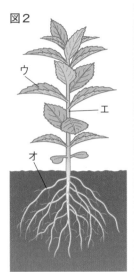

5

1章 生物と細胞（さいぼう）-1

❶ 細胞（さいぼう）のつくり

① 植物の細胞にも動物の細胞にも見られるもの　核（かく），細胞膜（まく）

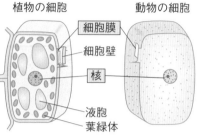

植物の細胞　　　動物の細胞
細胞膜
細胞壁
核
液胞
葉緑体

● 核…1つの細胞に1個ある。染色液（せんしょくえき）（酢酸（さくさん）カーミン，酢酸オルセイン）によく染まる（赤くなる）丸い粒（つぶ）である。

② 植物の細胞にしか見られないもの　細胞壁（へき），液胞（えきほう），葉緑体（ようりょくたい）

● 細胞壁…細胞の形を保ち，植物のからだを支える。

❷ 単細胞生物（たんさいぼう），多細胞生物（たさいぼう）

① 単細胞生物　からだが1つの細胞でできている生物。

② 多細胞生物　からだが多数の細胞でできている生物。

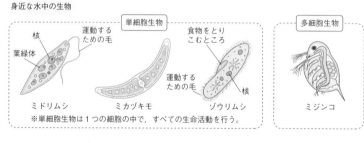

身近な水中の生物

単細胞生物
核
葉緑体
運動するための毛
食物をとりこむところ
運動するための毛
核
ミドリムシ　ミカヅキモ　ゾウリムシ
※単細胞生物は1つの細胞の中で，すべての生命活動を行う。

多細胞生物
ミジンコ

● 細胞呼吸…単細胞生物も多細胞生物も，生命活動のエネルギーを得るため，細胞単位で，細胞呼吸が行われている。

└→酸素を使って養分からエネルギーをとり出す。P.44参照。

③ 生物のからだの成り立ち

形やはたらきが同じ細胞の集まりを組織といい，いくつかの組織が集まって特定のはたらきをするものを器官という。また，いくつかの器官が集まり，個体（ヒトなど）がつくられる。

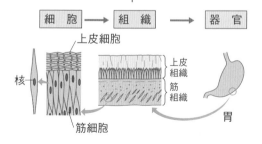

細胞 → 組織 → 器官
上皮細胞
核
筋細胞
上皮組織
筋組織
胃

✦ 覚えると得 ✦

細胞質

核と細胞壁以外の部分。

！ ミスに注意

★植物の細胞のいちばん外側の厚い仕切りが細胞壁，その内側の膜が細胞膜。

✦ 覚えると得 ✦

単細胞生物

ゾウリムシ，ミカヅキモなど。

多細胞生物

ミジンコ，ヒトなど。

ミジンコ

カニやエビなどと同じなかまで，節足動物の甲殻類（こうかくるい）に分類される。

基本チェック　左の「学習の要点」を見て答えましょう。

① 右の植物の細胞と動物の細胞について，次の
文の〔　〕にあてはまることばを書きなさい。

≪≪ チェック P.6 ❶

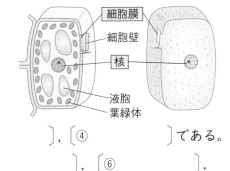

- Aの細胞は〔① 　　　〕の細胞，Bの細
胞は〔② 　　　〕の細胞である。

- 植物と動物の細胞に見られるものは，〔③ 　　　〕，〔④ 　　　〕である。

- 植物の細胞にしか見られないものは，〔⑤ 　　　〕，〔⑥ 　　　〕，
〔⑦ 　　　〕である。

- 植物の細胞のいちばん外側の厚い仕切りが〔⑧ 　　　〕，その内側の膜が
〔⑨ 　　　〕である。

- 細胞の核と細胞壁以外の部分を，まとめて〔⑩ 　　　〕という。

- 1つの細胞に1個あり，染色液に染まるのは〔⑪ 　　　〕である。

② 細胞と生物のからだの成り立ちについて，次の問いに答えなさい。≪≪ チェック P.6 ❷

(1) 次の文の〔　〕にあてはまることばを書きなさい。

- からだが1つの細胞でできている生物を〔① 　　　〕生物という。

- からだが多数の細胞でできている生物を〔② 　　　〕生物という。

- 1つ1つの細胞で行われている，生命活動の〔③ 　　　〕を得るためのはた
らきを〔④ 　　　〕という。

- 形やはたらきが同じ細胞の集まりを〔⑤ 　　　〕という。いくつかの⑤が集
まって器官をつくり，器官が集まって〔⑥ 　　　〕(ヒトなど)がつくられる。

(2) 右の図の〔　〕にあ
てはまることばを書き
なさい。

〔⑦ 　　　〕→〔⑧ 　　　〕→〔⑨ 　　　〕

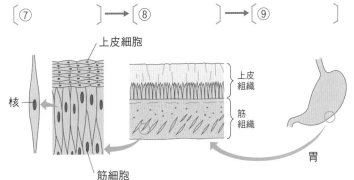

1章 生物と細胞 -2

❸ 顕微鏡の使い方

| 鏡筒上下式顕微鏡 | ステージ上下式顕微鏡 |

▶鏡筒を上下させてピントを合わせる。

◀ステージを上下させてピントを合わせる。

- 接眼レンズ
- 鏡筒
- レボルバー
- 対物レンズ
- ステージ
- しぼり（しぼり板）
- 反射鏡
- 調節ねじ
- クリップ
- 調節ねじ
- クリップ

① **置く場所** 水平で，日光が直接当たらない明るい場所に置く。

② **倍率** （倍率）＝（接眼レンズの倍率）×（対物レンズの倍率）

③ **使い方**

❶ 接眼レンズをのぞきながら反射鏡を動かして，全体が一様に明るく見えるようにする。

❷ プレパラートをのせ，真横から見ながら調節ねじを回し，プレパラートと対物レンズを近づける。

❸ 接眼レンズをのぞきながら調節ねじを回し，プレパラートと対物レンズを遠ざけながら，ピントを合わせる。

❹ プレパラートのつくり方

水
スライドガラス

柄つき針
カバーガラス

❶ スライドガラスの上に水を1滴落とし，その上に観察するものを置く。

❷ カバーガラスの端を水につけ，気泡（空気の泡）が入らないように，静かにカバーガラスをかける。

基本
チェック

左の「学習の要点」を見て答えましょう。

③ 顕微鏡の使い方について，次の図や文の〔　〕にあてはまることばを書きなさい。

チェック P.8 ③

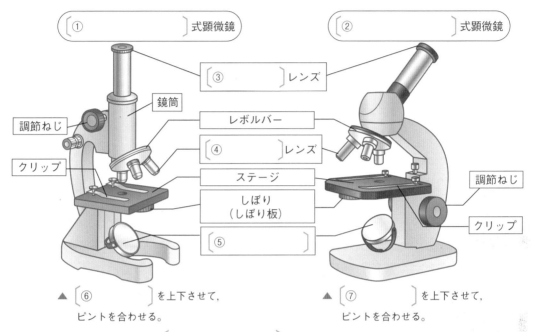

〔①　　　　　〕式顕微鏡　　　〔②　　　　　〕式顕微鏡

〔③　　　　　〕レンズ

鏡筒

調節ねじ

レボルバー

〔④　　　　　〕レンズ

クリップ

ステージ

しぼり
（しぼり板）

〔⑤　　　　　〕

調節ねじ

クリップ

▲〔⑥　　　　　　　〕を上下させて，
ピントを合わせる。

▲〔⑦　　　　　　　〕を上下させて，
ピントを合わせる。

• 顕微鏡は，水平で，〔⑧　　　　　　　　〕が直接当たらない，明るい場所に置く。

• 顕微鏡の操作手順

❶ 〔⑨　　　　　　　　〕をのぞきながら〔⑩　　　　　　　　〕を動かして，
全体が一様に明るく見えるようにする。

❷ プレパラートをのせ，〔⑪　　　　　　　〕から見ながら調節ねじを回し，プ
レパラートと〔⑫　　　　　　　〕を近づける。

❸ 〔⑬　　　　　　　〕をのぞきながら調節ねじを回し，プレパラートと対物
レンズを〔⑭　　　　　　　〕ながら，ピントを合わせる。

④ プレパラートについて，次の文や図の〔　〕にあてはま
ることばを書きなさい。

チェック P.8 ④

• プレパラートをつくるときは，〔①　　　　　　　〕が入
らないように，〔②　　　　　　〕を静かにかける。

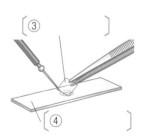

〔③　　　　　〕

〔④　　　　　〕

単元1 生物のつくりとはたらき

1章 生物と細胞

1 右の図は，植物の細胞と動物の細胞の模式図である。次の問いに答えなさい。

《 チェック P.6 ❶ (各6点×3 **18**点)

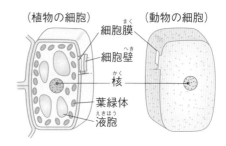

(植物の細胞) （動物の細胞）

細胞膜
細胞壁
核
葉緑体
液胞

(1) 植物の細胞と動物の細胞に共通してあるものは何か。2つ書きなさい。

〔　　　・　　　〕

(2) 植物の細胞だけにあるものは何か。3つ書きなさい。

〔　　　・　　　・　　　〕

(3) 1つの細胞に1個あり，酢酸オルセインや酢酸カーミンなどの染色液によく染まるものは何か。

〔　　　　　〕

2 生物のからだは，細胞，組織，器官などの成り立ちで考えることができる。次の問いに答えなさい。

《 チェック P.6 ❷ (各5点×2 **10**点)

(1) 「上皮組織」や「筋組織」などのように，形やはたらきが同じ細胞の集まりを何というか。

〔　　　　　〕

(2) ヒトの「肺」や植物の「葉」などのように，(1)がいくつか集まって特定のはたらきをするものを何というか。

〔　　　　　〕

3 右の図は，顕微鏡のつくりを示したものである。次の問いに答えなさい。

(各3点×8 **24**点)

《 チェック P.8 ❸

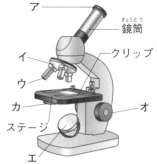

ア
鏡筒
クリップ
イ
ウ
カ
オ
ステージ
エ

(1) 次の部分は，それぞれ，図のア～カのどれか。

① 対物レンズ〔　　〕　② レボルバー〔　　〕

③ 調節ねじ〔　　〕　④ 反射鏡〔　　〕

⑤ しぼり〔　　〕　⑥ 接眼レンズ〔　　〕

(2) 顕微鏡を使う場所について，次の文の〔　〕にあてはまることばを書きなさい。

　顕微鏡は，〔 ① 　　　〕が直接当たらない，明るいところで，〔 ② 　　　〕な場所に置いて使う。

4 顕微鏡の操作のしかたや倍率について，次の問いに答えなさい。

チェック P.8 ❸ (各4点×7　**28**点)

(1) レンズをとりつけるとき，接眼レンズと対物レンズのどちらを先にとりつけるか。

〔　　　　　　　　〕

(2) 次の①，②の操作は，顕微鏡のどこを動かして調節するか。

① 視野を一様に明るくする。 〔　　　　　　　　〕

② ピントを合わせる。 〔　　　　　　　　〕

(3) ピントの正しい合わせ方について，次の文の〔　　〕に「近づけ」，「遠ざけ」のうち，あてはまることばを書きなさい。

　　プレパラートをのせてピントを合わせるには，まず，プレパラートと対物レンズを〔① 　　　　　〕ておいて，次に，〔② 　　　　　〕ながらピントを合わせる。

(4) 次のような倍率の接眼レンズと対物レンズを使うと，何倍に拡大されて見えるか。

① 「10×」と「10」で〔　　　　　〕倍　　　② 「15×」と「40」で〔　　　　　〕倍

5 下の図は，ある試料を顕微鏡で観察するために，プレパラートをつくろうとしているところである。次の問いに答えなさい。

チェック P.8 ❹ (各4点×5　**20**点)

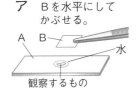
ア　Bを水平にしてかぶせる。

イ　Bの端が水にふれないようにかぶせる。

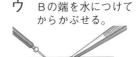
ウ　Bの端を水につけてからかぶせる。

(1) AとBのガラスを，それぞれ何というか。

A〔　　　　　　　　〕 B〔　　　　　　　　〕

(2) プレパラートをつくる方法として最も適当なものは，上の図のア～ウのどれか。

〔　　　　　　　〕

(3) (2)で答えた方法で，Bのガラスをかぶせるとき，速く下ろすとよいか，ゆっくり下ろすとよいか。 〔　　　　　　　　〕

(4) (2)，(3)の方法は，A，B間に何を入れないようにするためか。〔　　　　　　　〕

1章 生物と細胞

1 ツユクサの葉の細胞を調べるため，染色液を滴下した ところ，図のAの部分がよく染まった。次の問いに答え なさい。　　　　　　　　　　（各8点×2　**16**点）

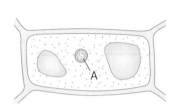

(1) 図のAの部分を何というか。　　　〔　　　　　　　〕

(2) 染色液として用いるのはどれか。下の{ }の中から選んで書きなさい。

〔　　　　　　　　　　　〕

{ 　BTB液　　　リトマス液　　　酢酸カーミン　　　うすい塩酸　}

2 下のA〜Dの生物について，次の問いに答えなさい。　　　（各8点×2　**16**点）

A 　　B 　　C 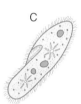　　D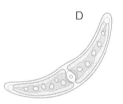

(1) 多くの細胞でできている生物をA〜Dから選び，記号で答えなさい。〔　　　　　〕

(2) 多くの細胞からできている生物を何というか。　　〔　　　　　　　〕

3 上下左右が実物とは逆に見える顕微鏡で，水中のゾウリム シを観察した。次の問いに答えなさい。　（各6点×3　**18**点）

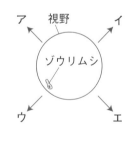

(1) 図の位置に見えたゾウリムシを視野の中央にもってくるに は，プレパラートをア〜エのどの向きに動かせばよいか。記 号で答えなさい。　　　　　　　　　〔　　　　　〕

(2) 倍率が10倍の接眼レンズと20倍の対物レンズから，対物レンズだけを40倍のもの に変えた。

① 見える範囲は，広くなるか，せまくなるか。　　　〔　　　　　　　〕

② 視野の明るさは，明るくなるか，暗くなるか。　　　〔　　　　　　　〕

得点UP コーチ

1 (1)Aの部分は，染色液で染色しないと よく観察できない。

2 微生物がすべて単細胞生物というわけ

ではない。多細胞生物もいる。

3 (2)倍率が低いと見える範囲が広いので， 見ようとするものを見つけやすい。

1 右の図は，いろいろな細胞（さいぼう）を顕微鏡（けんびきょう）で観察し，スケッチしたものである。次の問いに答えなさい。　　　　（各6点×6　36点）

(1) 図1は動物の細胞である。Aを何というか。

〔　　　　　　　　　　　〕

(2) 図2は植物の細胞で，Dは植物の細胞にのみ見られるつくりである。Dを何というか。　〔　　　　　　　　　　　〕

(3) 図2のDは，どのようなはたらきをするか。

〔　　　　　　　　　　　　　　　　　　　　　〕

(4) 図1のBと図2のCに共通して見られる丸い粒（つぶ）を何というか。

〔　　　　　　　　　　　〕

(5) 図1のAとB以外で，動物の細胞と植物の細胞に共通して見られるつくりは何か。　〔　　　　　　　　　　　〕

(6) 図3のEは緑色の粒で，ここで光合成が行われる。Eを何というか。

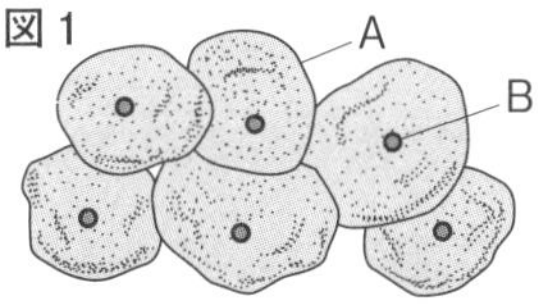

〔　　　　　　　　　　　　　　　　　　　　　〕

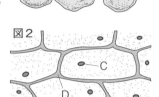

図1

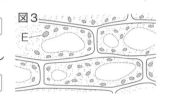

図2

図3

2 顕微鏡の正しい使い方について，次の問いに答えなさい。　　（各7点×2　14点）

(1) 次のア〜エは，顕微鏡の操作の手順を，順序を考えずに書いたものである。正しい順序になるように，記号を並べなさい。　〔　　→　　　→　　　→　　　〕

ア　接眼レンズをのぞきながら，プレパラートと対物レンズの間をはなしていき，ピントを合わせる。

イ　接眼レンズをのぞきながら反射鏡の角度を調節して，視野を一様に明るくする。

ウ　プレパラートをステージにのせる。

エ　真横から見ながら，プレパラートと対物レンズを，できるだけ近づける。

(2) 顕微鏡で観察する操作の中で，(1)のア，エのようにするのは，何のためか。

〔　　　　　　　　　　　　　　　　　　　　　〕

得点UP
コーチ

1 (2)図2はタマネギの表皮の細胞で，いちばん外側に厚い仕切りがある。(6)図3は，オオカナダモの葉の細胞である。

2 (2)プレパラートと対物レンズの間をはなしながら，ピントを合わせることから考える。

2章 葉のつくりと光合成・呼吸 -1

❶ 葉のつくりとはたらき

① **葉のつき方** 日光がよく当たるように，**重なり合わないように**ついている。

② **葉のつくり** 多数の**細胞**
_{小さな部屋のようなもの。}
からできていて，葉の細胞の中には**葉緑体**がある。
_{緑色をした粒。}

③ **葉脈** 葉脈には管のようなものが集まっていて，この管の集まりを**維管束**という。水などが通る**道管**と養分（栄養分）が通る**師管**の束
_{葉の表側◀} _{▶葉てつくられた養分。} _{▶葉の裏側}
で，外側からすじ状に見える。

④ **気孔** 葉の表皮にある一対の三日月形をした**孔辺細胞**に囲まれたすき間（穴）。
_{この細胞には葉緑体がある。}
● 気孔のはたらき…**酸素や二酸化炭素**の出入り口。また，ここ
_{呼吸や光合成のときに使われたり，放出されたりする。}
から，植物体内の水が，**水蒸気**となって放出される。
_{蒸散という。}

⑤ **葉のはたらき** 植物は，**葉緑体で光合成**を行って養分をつくり出す。また，**蒸散**によって，植物体内の水の量を調節する。
_{❷参照。}
_{P.26参照。}

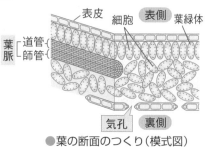

表皮 細胞 表側 葉緑体
葉脈 道管 師管
気孔 裏側
● 葉の断面のつくり（模式図）

孔辺細胞 葉緑体 気孔
気孔
● 気孔のつくり

❷ 光合成のしくみ

① **光合成** 植物が光を受けて，**水と二酸化炭素**から**デンプン**などの養分と酸素をつくるはたらき。
_{自然の中では日光。電灯などの光でもよい。}

● 光合成が行われるところ…細胞の中の**葉緑体**。

● 光合成の原料…根から吸収した**水**と，葉の気孔からとり入れた空気中の**二酸化炭素**。

光のエネルギー

| 二酸化炭素 | + | 水 | 葉緑体 | デンプン | など + | 酸素 |

空気中から 根から 空気中へ

● デンプンの検出…デンプンがあれば**ヨウ素液**で**青紫色**になる。
_{デンプンを検出する試薬。}

覚えると得

網状脈と平行脈

ツバキやアブラナなど（双子葉類）の葉脈は網目のようになっているので，**網状脈**という。トウモロコシやツクサなど（単子葉類）の葉脈は平行になっているので，**平行脈**という。

重要 テストに出る

● 光合成は，光と葉緑体がなければ行われない。

● 光合成の原料は，水と二酸化炭素。

基本チェック　左の「学習の要点」を見て答えましょう。

① 葉のつくりとはたらきについて，次の問いに答えなさい。 《《 チェック P.14 ①

(1) 次の文の〔　〕にあてはまることばを書きなさい。

・葉は，〔①　　　　　〕がよく当たるように，重なり合わないようについている。

・葉は，多数の細胞からできていて，葉の細胞の中には緑色の粒がたくさんある。
　これを〔②　　　　　〕という。

・葉脈は，水などが通る〔③　　　　　〕と，養分が通る〔④　　　　　〕の束で，
　外側からすじ状に見える。植物の種類によって，網目のような〔⑤　　　　　〕
　と，平行になっている〔⑥　　　　　〕がある。

・葉の表皮にある一対の三日月形をした細胞のすき間を〔⑦　　　　　〕といい，
　この三日月形の細胞を〔⑧　　　　　〕という。このすき間は呼吸や光合成
　に関係する〔⑨　　　　　〕や〔⑩　　　　　〕の出入り口となっている。

・植物は，葉緑体で〔⑪　　　　　〕
　を行って，養分をつくり出す。また，
　〔⑫　　　　　〕によって，植物
　体内の水の量を調節する。

(2) 右の図の〔　〕にあてはまることば
　を書きなさい。

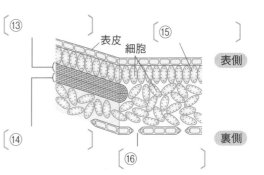

② 光合成について，次の問いに答えなさい。 《《 チェック P.14 ②

(1) 次の文の〔　〕にあてはまることばを書きなさい。

・植物が光を受けて，水と二酸化炭素から〔①　　　　　〕などの養分と，
　〔②　　　　　〕をつくるはたらきを〔③　　　　　〕という。

(2) 下の図の④～⑧にあてはまることばを書きなさい。

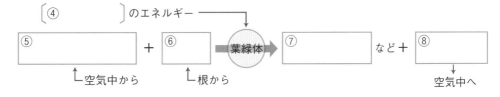

2章 葉のつくりと光合成・呼吸 -2

❸ 光合成に必要な条件を調べる実験

光合成に光と葉緑体が必要であることを調べる。

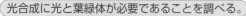
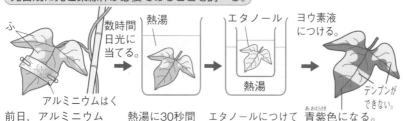

前日, アルミニウムはくをかける。

熱湯に30秒間つける。

エタノールにつけて葉の緑色をぬく。

青紫色(あおむらさき)になる。デンプンができた。

光合成に二酸化炭素が使われることを調べる。　※試験管Bは対照実験

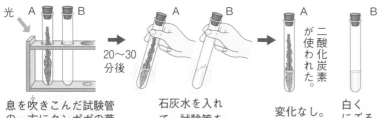

息を吹(ふ)きこんだ試験管の一方にタンポポの葉を入れ, 光を当てる。

石灰水を入れて, 試験管をよく振る。

二酸化炭素が使われた。

A 変化なし。　B 白くにごる。

❹ 光合成の産物とそのゆくえ

① **光合成によってつくられるもの**　葉緑体で光合成が行われると, デンプンなどの養分と酸素がつくられる。

② **光合成の産物のゆくえ**　デンプンは水にとけやすい物質に変えられ, 師管(しかん)を通ってからだの**各部に運**
→成長のため
ばれる。酸素は呼吸に使われるほか, 気孔(きこう)から外へ放出される。
に使われたり, 根などにたくわえられたりする。

●光合成で酸素が出される

線香(せんこう)が空気中よりよく燃(も)える。

❺ 光合成と呼吸の関係

① **植物の呼吸**　植物も, 動物と同じように呼吸をしている。
→酸素をとり入れ, 二酸化炭素を出す。

② **光合成と呼吸**　光合成と
→二酸化炭素
呼吸では, 気体の出入りが
をとり入れ, 酸素を出す。
たがいに反対である。

昼間　光合成のほうがさかん

夜間　光合成は行われない

●光合成と呼吸の関係

✦ 覚えると得 ✦

エタノールを熱湯につけてあたためる理由
エタノールは, 引火しやすいため, 火で直接加熱してはいけない。

BTB溶液(ようえき)で植物の光合成を確かめる
息を吹きこみ黄色(酸性)にしたＢＴＢ溶液に, オオカナダモを入れて光を当てると, 二酸化炭素が使われ, 液は緑色(中性)や青色(アルカリ性)になる。

⚠ ミスに注意

●呼吸は昼も夜も行われている!
植物は, 昼間は光合成と呼吸を行っているが, 光合成がさかんなので, 気体の出入りは全体として, 二酸化炭素をとり入れ, 酸素を放出しているように見える。

左の「学習の要点」を見て答えましょう。

③ 光合成に必要な条件を調べる実験について，下の図の〔　〕にあてはまることば
を書きなさい。

《 チェック P.16 ❸

光合成に光と葉緑体が必要であることを調べる。

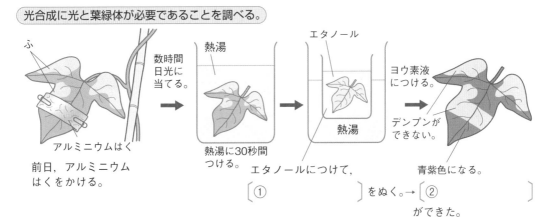

ふ

アルミニウムはく

前日，アルミニウム
はくをかける。

数時間
日光に
当てる。

熱湯

熱湯に30秒間
つける。

エタノール

熱湯

エタノールにつけて，
〔①　　　　　　　〕をぬく。→〔②　　　　　　　〕
ができた。

ヨウ素液
につける。

デンプンが
できない。

青紫色になる。

光合成に二酸化炭素が使われることを調べる。

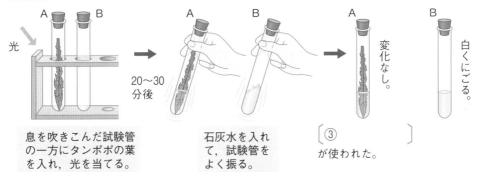

光

A　B

20〜30
分後

A　B

石灰水を入れ
て，試験管を
よく振る。

A

変化なし。

B

白くにごる。

息を吹きこんだ試験管
の一方にタンポポの葉
を入れ，光を当てる。

〔③　　　　　　　〕
が使われた。

④ 光合成について，次の文の〔　〕にあてはまることばを書きなさい。

《 チェック P.16 ❹❺

• 葉緑体で光合成が行われると，〔①　　　　　　　〕などの養分がつくられる。
また，このとき〔②　　　　　　〕がつくられる。

• 光合成でつくられたデンプンは，水に〔③　　　　　　〕物質に変えられ，
〔④　　　　　　　〕を通ってからだの各部に運ばれる。酸素は〔⑤　　　　　　〕
に使われるほか，〔⑥　　　　　　〕から外へ放出される。

• 植物は昼間，光合成と呼吸の両方を行っているが，〔⑦　　　　　　〕のほうが
さかんである。

• 夜は〔⑧　　　　　　〕は行わず，〔⑨　　　　　　〕だけを行っている。

1 右の図は，花をつけた1本のヒャクニチソウである。この図をもとに，次の問いに答えなさい。 《 チェック P.14 ①① ((1)6点，(2)各5点×2 **16**点)

(1) このヒャクニチソウを上から見た場合，葉のつき方はどうなっていると考えられるか。最も適当なものを，次のア～ウから選び，記号で答えなさい。 〔 　 〕

ア 　イ 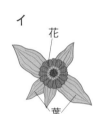　ウ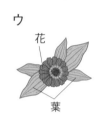

(2) 次の文の〔 　 〕にあてはまることばを書きなさい。

植物の葉は，互いに〔① 　 〕合わないように茎についている。こうなっているのは，葉に多くの〔② 　 〕が当たるようにするためである。

2 下の図1は，ある植物の葉の断面の一部を顕微鏡で観察してスケッチしたものである。また，図2は，図1と同じ葉の断面のつくりを模式的にくわしく表したものである。これらの図について，次の問いに答えなさい。 (各8点×3 **24**点)

《 チェック P.14 ①②

図1

図2
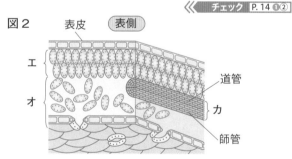

(1) 図1で，表皮はア～ウのどの部分か。記号で答えなさい。 〔 　 〕

(2) 図1は，図2のエ～カのどの部分にあたるか。記号で答えなさい。〔 　 〕

(3) アのように，1つ1つ小さく区切られた部屋のようなものを何というか。

〔 　 〕

3 右の図は，光合成のしくみを模式的に表したものである。イは葉の中にある緑の粒（つぶ）を表している。次の問いに答えなさい。 《《 チェック P.14②, P.16⑤ (各6点×6 **36**点)

(1) 図中のア～エにあてはまることばを，下の{ }の中から選んで書きなさい。

ア〔　　　　　　　〕 イ〔　　　　　　　〕
ウ〔　　　　　　　〕 エ〔　　　　　　　〕

{ ブドウ糖　　酸素　　二酸化炭素
　日光(光)　　水　　　葉緑体 }

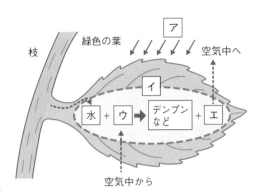

枝　緑色の葉　ア　空気中へ
イ
水 ＋ ウ → デンプンなど ＋ エ
空気中から

(2) 光合成の原料となる水は，根・茎・葉のうち，どこからとり入れられているか。

〔　　　　　　　　　〕

(3) 1日(晴れた日)のうちの**昼間**と**夜間**で，光合成が最もさかんに行われるのはどちらか。

〔　　　　　　　　　〕

4 若い葉を入れた容器Aと，からの容器Bを下の図のようにし，一晩暗室に置いた後，A，Bの中の気体を石灰水に通すと，Aの中の気体を通した石灰水だけ変化した。次の問いに答えなさい。 《《 チェック P.16③ (各8点×3 **24**点)

(1) Aの中の気体を通した石灰水は，どのように変化したか。 〔　　　　　　　　　〕

(2) この実験から，葉はどのようなはたらきをしていることがわかるか。漢字2字で答えなさい。

〔　　　　　　　　　〕

A　ピンチコック　空気　若い葉
B　ピンチコック　空気

(3) この実験で，容器Bも用意したのは，石灰水の変化が，葉のはたらきのみによることを調べるためである。このような目的の実験を何というか。下の{ }の中から選んで書きなさい。 〔　　　　　　　　　〕

{ 無反応実験　　対照実験　　目的外実験 }

2章 葉のつくりと光合成・呼吸

1 オオカナダモの光合成を調べるため，実験1〜3を行った。次の問いに答えなさい。

（各5点×8 **40**点）

〔実験1〕 オオカナダモの葉を顕微鏡で観察した。図1はそのときのスケッチで，ウの粒は緑色をしていた。

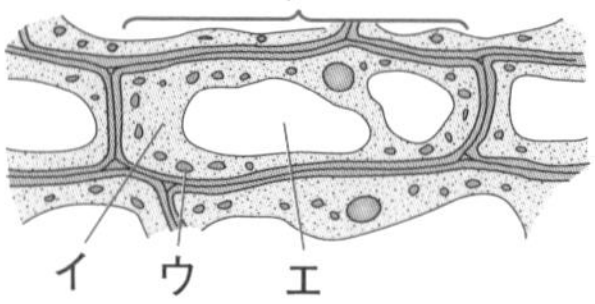

〔実験2〕 図2のように，オオカナダモに日光を当てたところ，気体がさかんに出てきたので，その気体を集めた試験管に，火のついた線香を入れた。

〔実験3〕 十分に日光を当てたオオカナダモの葉を1枚とり，しばらく熱湯につけてから，熱湯であたためたエタノールの中に入れて緑色をぬき，その葉をヨウ素液につけた後，顕微鏡で観察した。

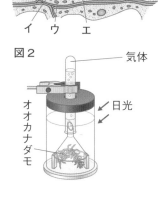

図1

図2

気体

日光

オオカナダモ

(1) 図1のウの粒を何というか。 〔　　　　　　　〕

(2) 実験2で，線香はどのようになったか。

〔　　　　　　　　　　　　　〕

(3) 実験2から，光合成によって何がつくられることがわかるか。〔　　　　　〕

(4) 実験2で，オオカナダモに日光を当て続けると，やがて気体の出方が少なくなった。水中の何の量が減ったからか。 〔　　　　　　　〕

(5) 実験3で，ヨウ素液につけた葉は，何色に変わったか。 〔　　　　　〕

(6) (5)で答えた色になったのは，葉のどの部分か。図1のア〜エから選び，記号で答えなさい。 〔　　　　　〕

(7) 実験3から，光合成によって何がつくられることがわかるか。〔　　　　　〕

(8) 実験3で，エタノールをあたためるとき，熱湯につけてあたためるが，直接火であたためないのはなぜか。

〔　　　　　　　　　　　　　　　　　　　　　　　〕

---

1 (1)葉の中には，ウの粒がたくさんあり，そのため，葉は緑色をしている。
(2), (3)発生した気体には，ものを燃やす
はたらきがある。
(4)光合成に必要な物質の1つである。
(8)エタノールは燃えやすい。

2 光合成について，次の問いに答えなさい。　　　　　　　　（各6点×3　**18**点）

(1) 光合成に必要な二酸化炭素と光合成によって生じた酸素は，葉の表面のどこ（何という部分）から出入りするか。　　　　〔　　　　　　　〕

(2) 葉のデンプンの検出に使われる薬品を何というか。また，その薬品をつけると，デンプンは何色になるか。　　薬品名〔　　　　　〕色〔　　　　　〕

3 下の❶～❹の操作手順で実験を行った。次の問いに答えなさい。

（各7点×6　**42**点）

❶ 試験管Aにはタンポポの葉を入れ，息（呼気）を吹きこんでゴム栓をした。

❷ 試験管Bには，息だけを吹きこんでゴム栓をした。

❸ 試験管A，Bに，日光を20～30分間当てた。

❹ それぞれの試験管に，石灰水をすばやく入れて再びゴム栓をし，よく振って石灰水の変化を調べた。

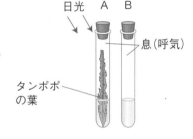

日光　A　B
息（呼気）
タンポポの葉

(1) 試験管A，Bの石灰水は，それぞれどうなったか。

A〔　　　　　　　〕　B〔　　　　　　　〕

(2) 次の文の〔　　〕にあてはまることばを書きなさい。

試験管Aの石灰水が(1)のようになったのは，タンポポの葉の〔①　　　　　〕によって，試験管Aの中の〔②　　　　　　〕が使われ，量が減少したからである。

(3) 次の文の〔　　〕にあてはまることばを書きなさい。

この実験でタンポポの葉を入れない試験管Bを用意したのは，試験管Aに入れた石灰水が(1)のようになったのが，〔①　　　　　〕のはたらきによることを調べるためである。このような実験を〔②　　　　　　〕という。

得点**UP**コーチ

3 (1)石灰水に二酸化炭素を通すと，石灰水は白くにごる。息（呼気）には二酸化炭素が多くふくまれている。　(2)光合成では，水と二酸化炭素を原料とし，酸素とデンプンなどができる。　(3)試験管Bは，Aと比較対照するためのものである。

2章 葉のつくりと光合成・呼吸

1 右の図1は，ツユクサの表皮を顕微鏡で観察してスケッチしたものである。図2は，同じツユクサの葉の断面の一部を模式的に表したものである。これについて，次の問いに答えなさい。　（各5点×8　**40**点）

図1　　図2

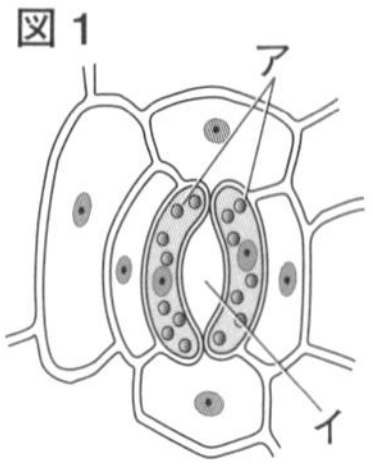

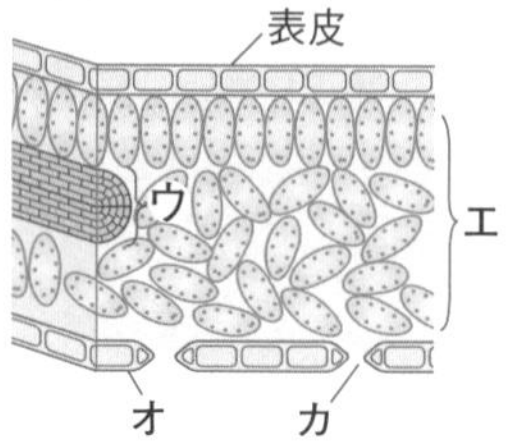

表皮

ア

ウ

エ

イ

オ　カ

(1)　図1のア（緑色の粒）を何というか。

　〔　　　　　　　　〕

(2)　図1のイに相当する部分は，図2ではウ～カのどの部分か。記号で答え，その名称も答えなさい。　記号〔　　　〕　名称〔　　　　　　〕

(3)　次の文の〔　　〕にあてはまることばを書きなさい。

　植物は光合成や呼吸を行うとき，イのすき間（穴）から，〔①　　　　　　　　〕や〔②　　　　　　　〕を出し入れしている。また，植物体内の水分も，このすき間から〔③　　　　　　　〕となって出ていく。

(4)　図2のウ，オの部分をそれぞれ何というか。下の{　}の中から選んで書きなさい。

　　　　　　　　　　　ウ〔　　　　　〕　オ〔　　　　　〕

{　気孔　　　表皮　　　道管　　　師管　　　葉脈　}

2 沸騰させて気体を追い出した水を試験管Aに，息を吹きこんだ水を試験管Bに入れ，両方にオオカナダモを入れて光を当てると，一方のオオカナダモから気体が出てきた。次の問いに答えなさい。　（各5点×4　**20**点）

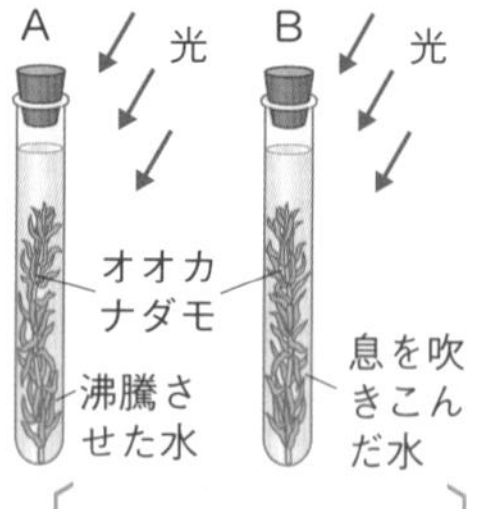

A　光　　B　光

オオカナダモ

沸騰させた水

息を吹きこんだ水

(1)　気体が出てきたのは，A・Bのどちらか。　〔　　　　　〕

(2)　出てきた気体の中には，空気と比べて，何という気体が多くふくまれているか。　〔　　　　　　　〕

(3)　気体が出てきたのはオオカナダモの何というはたらきによるか。〔　　　　　〕

(4)　この実験から，(3)のはたらきには何が必要であるといえるか。〔　　　　　〕

1　(1)葉緑体は，孔辺細胞にもある。

　(2)イのすき間は，孔辺細胞によって形づくられる。

2　息（呼気）には，空気よりも二酸化炭素が多くふくまれている。

　(2)の気体は，光合成の産物である。

3 右の図は，植物が行う光合成と呼吸による気体の出入りを模式的に表したもので，それぞれ晴れた日の昼間と夜間の時間帯での関係を表している。2種類の矢印は，それぞれ酸素と二酸化炭素を表し，矢印の太さは気体の量を表している。この図について，次の問いに答えなさい。

(各4点×4　**16**点)

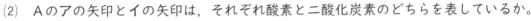

(1) 昼間の関係および夜間の関係を表しているのは，それぞれA，Bのどちらか。

昼間〔　　　　　〕　夜間〔　　　　　〕

(2) Aのアの矢印とイの矢印は，それぞれ酸素と二酸化炭素のどちらを表しているか。

ア〔　　　　　　　〕

イ〔　　　　　　　〕

4 下の文は，光合成によってつくり出される物質のゆくえを説明したものである。次の問いに答えなさい。

(各4点×6　**24**点)

❶ 緑色の葉に〔①　　　　　　〕が当たると，デンプン<u>デンプン</u>などがつくられる。このとき，
　　　　　　　　　　　　　　　　　ア
気体の〔②　　　　　　〕もつくられて，空気(大気)中へ放出される。

❷ ❶のようにつくられたデンプンは，〔③　　　　　　〕にとけやすい物質につくり変えられ，〔④　　　　　　〕とよばれる管を通して，からだの各部へ運ばれていく。

❸ ❷のように運ばれてきた物質は，再び<u>デンプン</u>につくり変えられ，その植物の
　　　　　　　　　　　　　　　　　　　　　　イ
〔⑤　　　　　　〕のために使われたり，根などにたくわえられたりする。

(1) 文中の〔　　〕にあてはまることばを書きなさい。

(2) ジャガイモのいもの中のデンプンは，下線部ア，イのどちらのものか。

〔　　　　　〕

得点**UP**コーチ

3 (2)光合成によって出入りする気体の量は，呼吸より多いので，光合成だけが行われているように見える。

4 (1)❶①が当たらないと，光合成は行われない。❷植物の茎<ruby>茎<rt>くき</rt></ruby>などには，道管と師管がある。道管は根で吸収した水などが通る。

3章 根・茎のつくりとはたらき -1

❶ 根のつくりとはたらき

① 根のようす　2種類ある。

● 双子葉類の根
　↳アブラナ，エンドウ，ホウセンカなど。
　…主根と側根からできている。
　　↳太い根　↳細い根

● 単子葉類の根…太い根がなく，
　↳イネ，ツユクサ，トウモロコシなど。
　多数のひげ根がある。
　　　　　↳同じくらいの太さの細い根。

② 根のつくり

● 根毛…根の先端近くに，毛の
　↳土の中の水などを吸収する。土のすき間に
　ように無数に生えている。
　入り，根を固定している。

● 維管束…水や水にとけた肥料
　　　　　　　　　　　　　　↳無機養分
　分が通る道管と，葉でつくら
　れた養分が通る師管がある。

③ 根のはたらき　植物のからだを支え，土の中の水などを吸収
　　　　　　　　↳根毛が無数にあるので，表面積が大きくなり効率よく吸収できる。
して，茎や葉へ送る。
　　　↳くき

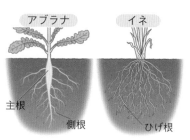
▲根のようす

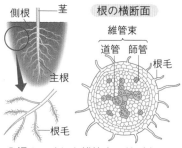
▲根のつくりと維管束の並び方

❷ 茎のつくりとはたらき

① 茎のつくり　茎の内部にも，道管と師管がある。

● 維管束…道管と師管の集まりが束のようになった部分。
　　　　　↳茎の内側にある。　↳茎の外（表皮）側にある。

② 維管束の並び方　維管束は，双子葉類の茎では輪のように並んでいる。単子葉類の茎では全体に散らばっている。

③ 茎のはたらき　根で吸収した水や，葉でつくられた養分の通
　　　　　　　　　　　　　　　　　　　　　　↳光合成でつくったもの。
り道。また，植物のからだを支えている。
　　　↳葉を広げたり，花や実をつける。

● 双子葉類の茎のつくり（例ホウセンカ）

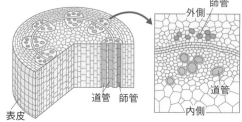
維管束は輪のように並んでいる。

● 単子葉類の茎のつくり（例トウモロコシ）

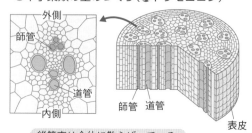
維管束は全体に散らばっている。

① 根のつくりとはたらきについて，次の文の〔　　　〕にあてはまることばを書きなさい。

チェック P.24 ①

- 双子葉類の根は，太い〔① 　　　　　〕と，細い〔② 　　　　　〕からできている。
- 単子葉類の根は，太い根がなく，多数の〔③ 　　　　　〕がある。
- 根の先端近くに無数に生えている毛のようなものを〔④ 　　　　　〕といい，④があることで表面積が〔⑤ 　　　　　〕なり，土の中の〔⑥ 　　　　　〕や⑥にとけた肥料分を効率よく吸収できる。
- 根の中央部には，水や水にとけた肥料分が通る〔⑦ 　　　　　〕と，葉でつくられた養分が通る〔⑧ 　　　　　〕がある。
- 根には，植物のからだを〔⑨ 　　　　　〕，土の中の水などを吸収して，茎や葉へ送るはたらきがある。

② 茎のつくりについて，次の文や図の〔　　　〕にあてはまることばを書きなさい。

チェック P.24 ②

(1) 茎の内部には，水などが通る〔① 　　　　　〕と，葉でつくられた養分が通る〔② 　　　　　〕がある。これらが束のようになった部分を〔③ 　　　　　〕という。③の並び方は，双子葉類の茎では，〔④ 　　　　　〕のように並んでいる。単子葉類の茎では，〔⑤ 　　　　　〕。

(2)

双子葉類の茎のつくり
維管束は輪のように並んでいる。

単子葉類の茎のつくり
維管束は全体に散らばっている。

〔⑧〕　外側

表皮　〔⑥〕

〔⑨〕　内側

〔⑦〕

〔⑩〕　外側

内側　〔⑪〕

〔⑫〕　表皮

〔⑬〕

25

3章 根・茎のつくりとはたらき -2

❸ 根・茎・葉のつながり

① **水を運ぶ管**　維管束は，根から茎，

葉までつながっている。根で吸収さ
└→葉では，葉脈となっている。

れた水などは，維管束の中の道管を

通って，根→茎→葉へと運ばれる。

② **葉でつくられた養分を運ぶ管**　光

合成によって，葉でつくられた**デン**

プンは，水にとけやすい物質に変え
└→水にとけない。

られ，維管束の中の師管を通って，

全身に運ばれる。

❹ 物質の移動と蒸散

① **物質の移動**　根で吸収された水と

肥料分は，道管を通って全身に運ばれ，水は光合成に使われた
└→無機養分は，植物の成長に必要。

り，植物のからだを保ったりする。葉でつくられた養分は，師
　　　└→水が不足するとしおれる。　　デンプンなどが糖に変えられ運ばれる。←┘

管を通って全身に運ばれ，からだをつくったり，根，茎，種子
　　　　　　　└→例えば，サツマイモは根に，ジャガイモは地下茎にたくわえられる。←┘

などにたくわえられたりする。

② **蒸散**　植物のからだの中の水が水蒸気となって出ていく現象。

●**蒸散のしくみ**…葉に運ばれた水の大部分は，葉の気孔から水
　　　　　　　　　└→一部は光合成に使われる。

蒸気となって空気中へ出ていく。蒸

散は，おもに葉の裏側で行われ，気
└→気孔の数が多い。

孔の数が少ない葉の表側より，蒸散

で出ていく水蒸気の量が多い。

物質の移動

花(果実)　光

光合成

葉

気孔

師管　呼吸

道管　気孔

蒸散

茎

気孔

● デンプン
□ 酸素
△ 二酸化炭素
○ 水
● 肥料分

根毛

根

蒸散のしくみ

孔辺細胞

気孔

開いている。　閉じている。

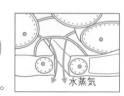

水蒸気

蒸散の実験

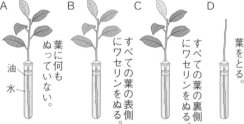

A　葉に何もぬっていない。

B　すべての葉の表側にワセリンをぬる。

C　すべての葉の裏側にワセリンをぬる。

D　葉をとる。

油
水

・ワセリンをぬったところからは蒸散はしない。
・水が減る量…A＞B＞C＞D
・水面に油を浮かべるのは，水面からの水の蒸発を防ぐため。

基本チェック

左の「学習の要点」を見て答えましょう。

③ 根・茎・葉のつながりについて，次の文の〔　　〕にあてはまることばを書きなさい。

《チェック P.26 ❸》

- 根で吸収された水などは，維管束の中の〔①　　　　　〕を通って，

  根→〔②　　　　　〕→〔③　　　　　〕へと運ばれる。

- 光合成によって葉でつくられた〔④　　　　　〕は，水にとけやすい物質に変え
  られ，維管束の中の〔⑤　　　　　〕を通って，全身に運ばれる。

④ 物質の移動と蒸散について，次の文の〔　　〕にあてはまることばを書きなさい。

《チェック P.26 ❹》

- 根で吸収された水と肥料分は，道管を通って全身に運ばれ，〔①　　　　　〕は光
  合成に使われたり，植物のからだを保ったりする。葉でつくられた養分は，師
  管を通って全身に運ばれ，からだをつくったり，〔②　　　　　〕，茎，種子な
  どにたくわえられたりする。

- 葉に運ばれた水の大部分は，葉の〔③　　　　　〕から水蒸気となって出てい
  く。この現象を〔④　　　　　〕という。

- 蒸散は，おもに葉の〔⑤　　　　　〕側で行われ，⑤側のほうが気孔の数が
  〔⑥　　　　　〕。

- 右の図は，植物のからだのど
  こで蒸散がさかんに行われて
  いるのかを調べる実験である。
  水面に油を浮かべたのは，水
  面からの〔⑦　　　　　〕
  を防ぐためである。この実験
  で，試験管の水が減った量が
  多い順に並べると，〔⑧　　　　　〕と
  なる。

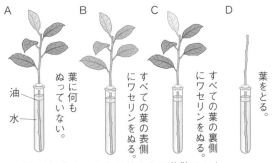

A 油 水 葉に何もぬっていない。
B すべての葉の表側にワセリンをぬる。
C すべての葉の裏側にワセリンをぬる。
D 葉をとる。

・ワセリンをぬったところからは蒸散はしない。

〔　　　〕→〔　　　〕→〔　　　〕→〔　　　〕

3章 根・茎のつくりとはたらき

1 右の図は，アブラナ(双子葉類)とイネ(単子葉類)の根の形を表したものである。

この図について，次の問いに答えなさい。《 チェック P.24 ❶ (各6点×6 **36**点)

(1) 図中のア～ウの部分を何というか。下の{ }の中

から選んで書きなさい。

ア〔　　　　　　〕　イ〔　　　　　　〕

ウ〔　　　　　　〕

{　主根　　ひげ根　　側根　}

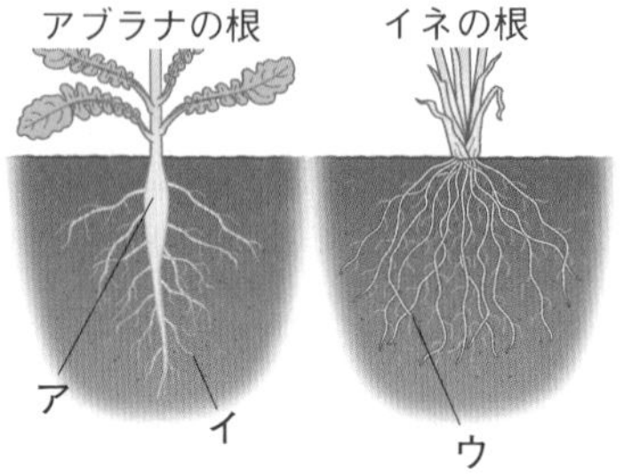

アブラナの根　　イネの根

(2) アブラナのような形の根をもつ植物を，下の{ }

の中から2つ選んで書きなさい。

〔　　　　　　〕〔　　　　　　〕

{　トウモロコシ　　ホウセンカ　　ツユクサ　　エンドウ　　アヤメ　}

(3) アブラナの根には，根毛が生えている。イネの根にも根毛は生えているか。

〔　　　　　　〕

2 図1のように，色水を吸わせたホウセンカの茎の横断面を，顕微鏡で観察してスケッチした(図2)。次の問いにあてはまることばを，下の{ }の中から選んで書きなさい。《 チェック P.24 ❷ (各6点×4 **24**点)

(1) 図2のように，アの部分(管)は赤く染まってい

たが，イの部分(管)は染まっていなかった。ア，

イの部分をそれぞれ何というか。

ア〔　　　　　　〕　イ〔　　　　　　〕

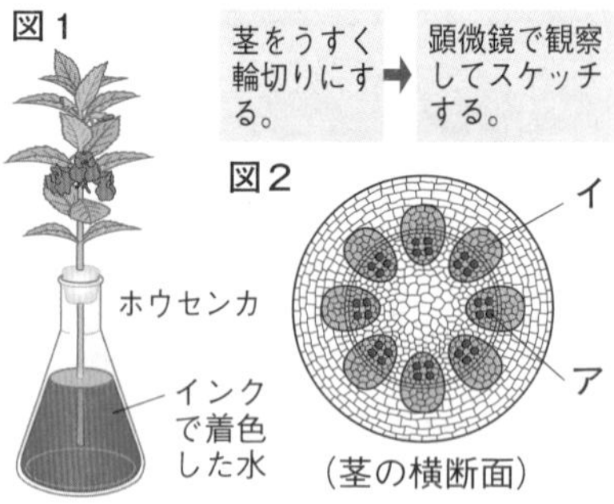

図1

図2

茎をうすく
輪切りにす
る。→顕微鏡で観察
してスケッチ
する。

ホウセンカ

インク
で着色
した水

(茎の横断面)

(2) アとイの管の集まりを何というか。

〔　　　　　　〕

(3) 葉にも赤く染まっているすじがあった。(2)は，

葉のつくりのうち，何とよばれている部分か。

〔　　　　　　〕

{　師管　　道管　　根毛　　気孔　　葉脈　　表皮　　維管束　}

3 右の図のA，Bは，ヒマワリとトウモロコシの茎の横断面を表したものである。次の問いに答えなさい。　　《 チェック P.24 ❷ 》(各5点×5　**25**点)

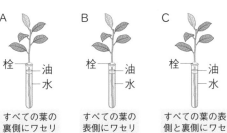

(1) Aは，ヒマワリとトウモロコシのどちらの茎か。　〔　　　　　　　〕

(2) Aの茎のアは，Bの茎ではエ～カのどの部分に相当するか。
〔　　　　　〕

(3) Aの茎で，葉でつくられた養分の通り道となっているのは，ア～ウのどこか。記号で答えなさい。また，その部分の名称を答えなさい。　記号〔　　　〕　名称〔　　　　　　〕

(4) Aのようなつくりの茎をもつ植物は，単子葉類か，双子葉類か。
〔　　　　　　　　　〕

4 植物が，からだの外へ水を出すしくみを調べるため，下の実験を行った。この実験について，次の問いに答えなさい。　　《 チェック P.26 ❹ 》(各5点×3　**15**点)

〔実験〕 ❶ 葉の数や大きさがほぼ等しい3本の小枝を用意し，それぞれを，同量の水を入れた同じ太さの試験管(3本)にさした。

❷ それぞれに，右の図に示した処理をした後，明るい窓際に置いた。

❸ 次の日，それぞれの試験管内の水量の変化を調べた。

A　栓━━油　水　すべての葉の裏側にワセリンをぬる。

B　栓━━油　水　すべての葉の表側にワセリンをぬる。

C　栓━━油　水　すべての葉の表側と裏側にワセリンをぬる。

(1) 試験管の中の水に油をたらしたのは，水の表面からの蒸発を防ぐためである。葉にワセリンをぬったのは，何のためか。〔　　　　　　　　　　　　　〕

(2) 水の減り方の多い順に，A～Cの記号を並べなさい。
〔　　　→　　　→　　　〕

(3) 植物は，葉の何とよばれる部分から水を放出しているか。〔　　　　　　〕

1 下の図のA，B，Cは，ホウセンカの根・茎(くき)・葉のつくりを模式的に表したものである。次の問いに答えなさい。 　　　　　　　　　(各3点×15 **45**点)

A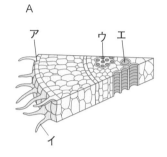

B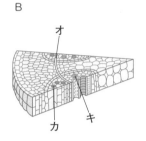

C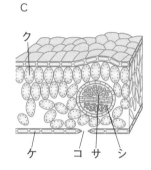

(1) A〜Cは，それぞれ，根・茎・葉のどの部分の断面を表しているか。

A〔　　　　〕　B〔　　　　〕　C〔　　　　〕

(2) A〜Cのそれぞれで，次の①，②のはたらきをする部分はどこか。記号を（　）に，その名称(めいしょう)を下の{　}の中から選んで〔　　〕に書きなさい。

A { ① 地中の水を吸収する。 （　　）〔　　　　〕
② ①で吸収した物質を茎のほうへ送る。 （　　）〔　　　　〕

B { ① 葉でつくられた養分をからだ全体へ送る。 （　　）〔　　　　〕
② 根から送られてきた水を葉のほうへ送る。 （　　）〔　　　　〕

C { ① 葉でつくられた養分を茎のほうへ送る。 （　　）〔　　　　〕
② 水蒸気(水)の出口や，酸素，二酸化炭素の出入り口になっている。

（　　）〔　　　　〕

{ 表皮　　道管　　師管　　気孔(きこう)　　成長点　　根毛 }

---

1 (1)根と茎の断面は似ているが，表面に根毛が見られるのが根である。

(2)葉脈は，葉の表側に道管，裏側に師管が通っている。表皮は，内部の組織やつくりを保護している。

2 次の(1)～(4)の説明文で，＿＿をつけたことばが正しければ○を，まちがっていれば正しいことばを〔　　〕に書きなさい。 (各5点×5　**25**点)

(1) アブラナ(双子葉類)の茎の部分の維管束は，<u>輪の形</u>〔①　　　　　〕に並んでいて，維管束内の道管は，茎の<u>外側</u>〔②　　　　　〕のほうにある。

(2) イネ(単子葉類)の茎では，維管束は<u>全体</u>〔　　　　　〕に散らばっている。

(3) 一般に，気孔は，葉の<u>表側</u>〔　　　　　〕のほうに多くある。

(4) 葉でつくられたデンプンは，水に<u>とけにくい</u>〔　　　　　　　〕物質につくり変えられて，からだ全体に運ばれる。

3 右の図は，根の先端部のつくりを拡大して，模式的に表したものである。この図をもとに，次の問いに答えなさい。 (各5点×6　**30**点)

(1) アの部分は，白い毛のようなものである。この部分を何というか。 〔　　　　　　〕

(2) イ，ウの管は，それぞれ何というか。
イ〔　　　　　〕　ウ〔　　　　　〕

(3) 葉でつくられた養分が通るのは，イ，ウのどちらの管か。 〔　　　　　　〕

(4) 根から吸い上げられた水が通るのは，イ，ウのどちらの管か。 〔　　　　　　〕

(5) 植物を育てる土は，耕して空気をふくませたほうがよい。それは，根のどのようなはたらきをよくするためか。下の｛　｝の中から選んで書きなさい。

〔　　　　　　〕

｛　光合成　　呼吸　　蒸散　｝

ア
イ(管)　ウ(管)
(縦断面)

ア　ウ
イ
(横断面の略図)

---

2 (1)，(2)双子葉類と単子葉類の茎の維管束の並び方はちがう。　(4)デンプンは水にとけず，運びにくい。

3 (2)～(4)イの管は土中の水や水にとけた肥料分が通り，ウの管は葉でつくられた養分が通る。　(5)根も呼吸している。

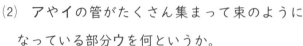

3章 根・茎のつくりとはたらき

1 右の図は，ホウセンカの茎(くき)のつくりを模式的に表したものである。この図をもとに，次の問いに答えなさい。　　　　　　　　　　　　　（各4点×7　**28**点）

(1) ア，イの管を，それぞれ何というか。

ア〔　　　　　　　〕　イ〔　　　　　　　〕

(2) アやイの管がたくさん集まって束のように
なっている部分ウを何というか。

〔　　　　　　　　　　　〕

(3) 次の①，②の説明のそれぞれにあてはまる管
を，図のア～ウから選び，記号で答えなさい。

① 葉でつくられた養分は，この管を通って運ばれる。　　　　　〔　　　　〕

② 根から吸収された水は，この管を通って全身に運ばれる。　　〔　　　　〕

(4) ホウセンカの茎とつくりが似ている茎をもつ植物を，下の｛ ｝の中から2つ選ん
で書きなさい。　　　　　　　　　　〔　　　　　　　〕〔　　　　　　　〕

｛　イネ　　アサガオ　　アブラナ　　ツユクサ　｝

2 植物の根には，主根と側根からなるものと，主根・側根の区別がないひげ根から
なるものがある。ホウ
センカ(双子葉類(そうしようるい))とス
ズメノカタビラ(単子
葉類)の根を図にかき，
主根，側根，ひげ根が
どれか示しなさい。

（各6点×2　**12**点）

ホウセンカ

スズメノカタビラ

学習日　　　　　得点

月　日　　　点

3 右の図は，植物のからだのはたらきにともなう物質の生成と，その移動を表している。次の問いに答えなさい。

(各5点×12　**60**点)

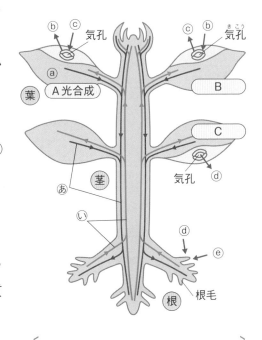

(1) A～Cは，植物が葉で行っているはたらきを表していて，Aは光合成である。B，Cのはたらきは，それぞれ何とよばれているか。

B〔　　　　　　　　〕　C〔　　　　　　　　〕

(2) 図中の@～eは，物質を表している。@～dの物質はそれぞれ何か。

@〔　　　　　　　〕　ⓑ〔　　　　　　　〕

ⓒ〔　　　　　　　〕　ⓓ〔　　　　　　　〕

(3) @は，植物の各部に運ばれるとき，ある物質に変えられる。どのような性質の物質に変えられるか。

〔　　　　　　　　　　　　　　　　　　　〕

(4) 物質eは，根毛からⓓといっしょに吸収されている物質である。この物質は何か。

〔　　　　　　　　　　　　　　　　　　　〕

(5) 物質ⓓ，eの通路について，次の問いに答えなさい。

① 物質ⓓ，eの通路は，あとⒾのどちらか。　　　　　〔　　　　　　〕

② この通路は，何本かの管が集まったものである。この管を何というか。

〔　　　　　　　〕

③ この通路は，物質@を通すことがあるか。　　　〔　　　　　　〕

④ この通路の始発点は，根とみることができる。終着点は，茎と葉のどちらになるか。

〔　　　　　　　〕

3 (1)Bは酸素をとり入れ，二酸化炭素を出すはたらき，Cは水を出すはたらきである。　(2)物質ⓑ，ⓒは，葉のはたらきA，Bの両方に関係している。また，物質ⓓは根毛から吸収され，葉のはたらきCで空気中に放出される。

生物のつくりとはたらき

1 光合成に必要な条件を調べるため，下の❶〜❹の手順で実験を行った。次の問い
に答えなさい。

(各5点×4 **20**点)

〔実験〕　❶　ふ入りの葉をもつ鉢植え_{はち}のアサガオを用意し，
右の図1のように，葉の一部をアルミニウムはくでお
おってから，暗室に置いた。

❷　このアサガオに翌日午前中，日光を当て，アルミニ
ウムはくをとってから，約80℃の湯に30秒間つけた。

❸　❷の葉を，右の図2のように，エタノールに入れ，
葉の緑色がぬけるまで熱湯であたためた。

❹　緑色がぬけた葉を水洗いした後，うすいヨウ素液の
中に入れて，葉全体の色の変わり方を調べた。

図1　ふ入り／クリップ／アルミニウム
はく

図2　小型
ビーカー／エタノール／葉／熱湯

(1)　この実験は，光合成に必要な条件のうち，何を調べよ
うとしたものか。調べることのできる条件を2つ書きなさい。

〔　　　　　　　〕〔　　　　　　　〕

(2)　この実験を前日から始め，アサガオを暗室に置いたのはなぜか。その理由を簡単
に書きなさい。　　　　　　　　〔　　　　　　　　　　　　〕

(3)　ふ入りの部分には，デンプンができていたか。　　〔　　　　　　　　〕

2 植物が行う光合成と呼吸の関係について，次の問いに答えなさい。

(各5点×3 **15**点)

(1)　光合成ではとり入れられ，呼吸では放出される気体は何か。〔　　　　　　　〕

(2)　光合成では放出され，呼吸ではとり入れられる気体は何か。〔　　　　　　　〕

(3)　晴れた日の昼間は，光合成による気体の出入りと，呼吸による気体の出入りのど
ちらのほうが多くなっているか。　　　　　〔　　　　　　　　　〕

得点**UP**
コーチ

1 (1)光合成に必要な条件は，光，葉緑体，
水，二酸化炭素である。　(2)光合成が
行われないときは，葉にできたデンプ

ンが，植物全体に運ばれている。
2 (1), (2)放出される気体とは，光合成や
呼吸で生じる気体のことである。

3 右の模式図は，植物の葉の断面を表したものである。この図をもとに，次の問いに答えなさい。 (各5点×6　**30**点)

(1) この図で，葉の表側は，A，Bのどちらか。
〔　　　　　〕

(2) 葉のつくりのうち，いちばん外側にあるア，エの部分を何というか。
〔　　　　　〕

(3) イやウの細胞がもっている緑色の粒を何というか。
〔　　　　　〕

(4) 葉脈とよばれる部分を，オ～ケから選び，記号で答えなさい。
〔　　　　　〕

(5) 葉でつくられた養分が茎のほうへ運ばれる管は，オ～ケのどれか。また，その管の名称を答えなさい。
記号〔　　　　〕　名称〔　　　　　〕

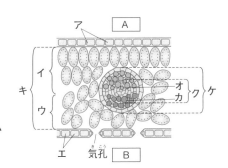

4 図1は，切りとったホウセンカを色水にさしたもの，図2，図3は，ある植物の茎の断面を模式的に表したものである。次の問いに答えなさい。(各7点×5　**35**点)

(1) 図1のまま放置しておくと，水はだんだん減っていく。水はおもに花・葉・茎のうち，どこから出ていくか。
〔　　　　　〕

(2) 植物が行う(1)のはたらきを何というか。
〔　　　　　〕

(3) 図2のように，維管束の部分が全体に散らばっている植物を，何というか。
〔　　　　　〕

(4) ホウセンカの茎の断面は，図2，図3のどちらか。
〔　　　　　〕

(5) 色水に染まるのは，(4)の図中のどの部分か。記号で答えなさい。
〔　　　　　〕

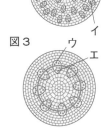

得点UP
コーチ

3 (1)ふつう，気孔は葉の裏側に多くある。　(3)イやウの中の緑色の粒は，光合成が行われるところである。

(5)葉脈中のカの管は，葉の裏側にある。
4 (1), (2)蒸散は気孔で行われ，気孔はおもに葉にある。　(4)維管束は輪状に並んでいる。

定期テスト 対策 問題(1) ✎

1 光合成のはたらきを調べるため，前日に暗室に置いたアサガオの葉を用いて実験を行った。次の問いに答えなさい。 (各6点×6 **36**点)

〔実験〕 **❶** 右の図のような葉A，Bを用意し，十分に日光に当てる。

❷ 葉をつみとり，熱湯にひたした後，あたためたエタノールの中に入れた。

❸ 葉を水洗いして，ヨウ素液にひたした。

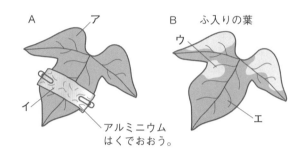

(1) **❷**で，あたためたエタノールに入れた後，葉の緑色はどうなるか。

〔　　　　　　　　　　〕

(2) **❸**でヨウ素液にひたした後，色が変わったのは，A，Bの葉のどの部分か。図の**ア～エ**からそれぞれ選び，記号で答えなさい。　A〔　　　〕　B〔　　　〕

(3) ヨウ素液の色が変わったことから，(2)で答えた部分には，何という物質ができたといえるか。　　　　　　　　　　　　　　　　　　　　　〔　　　　　　　〕

(4) 葉A，Bの結果から，光合成が行われるには，何が必要とわかるか。それぞれ答えなさい。　　　　　　　　　A〔　　　　　　　〕　B〔　　　　　　　〕

2 野外でタンポポを観察した。右の図は，上から見たときのスケッチである。次の問いに答えなさい。

(各5点×2 **10**点)

(1) 葉は上から見ると，重なり合わないようについている。このことは，タンポポにとって，どのように都合がよいか。簡単に書きなさい。

〔　　　　　　　　　　　　　　　　　　　　　　　　　　　　　　〕

(2) ホウセンカの葉は上から見ると，タンポポと同じように重なり合わないようについているか。それとも，重なり合ってついているか。

〔　　　　　　　　　　〕

3 シロツメクサの葉のはたらきを調べるため，表のように
ポリエチレンの袋ア〜エを用意して，暗い場所と明るい場
所に置いた。翌日，右の図のように，それぞれの袋の中の
気体をおし出し，石灰水に通したところ，袋アだけ石灰水
が白くにごった。これについて，次の問いに答えなさい。

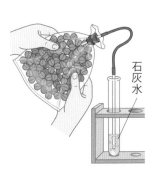

石灰水

(各6点×4　**24**点)

(1) 袋アで石灰水が白くにごったことから，
袋アの中には，何という気体が多くふく
まれていたことがわかるか。

〔　　　　　　　　　〕

袋	袋に入れたもの	置いた場所
ア	シロツメクサの葉と空気	暗い場所
イ	空気だけ	暗い場所
ウ	シロツメクサの葉と空気	明るい場所
エ	空気だけ	明るい場所

(2) (1)の気体は，シロツメクサの葉の何と
いうはたらきによってつくられたものか。　　　　　　　　〔　　　　　　　　　〕

(3) 袋ウでは石灰水が白くにごらなかった。これはシロツメクサの葉が，(2)のはたら
きのほかに，どのようなはたらきをしていたからか。　　　〔　　　　　　　　　〕

(4) 袋イ，エを用意したのは，どのようなことを確かめるためか。簡単に書きなさい。

〔　　　　　　　　　　　　　　　　　　　　　　　　　　〕

4 右の図は，葉が光合成を行うとき
の物質の出入りを表したものである。
次の問いに答えなさい。

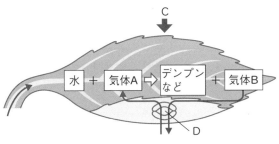

C

水 ＋ 気体A ⇒ デンプンなど ＋ 気体B

D

(各6点×5　**30**点)

(1) 気体A，Bは何か。それぞれ答えなさい。

A〔　　　　　　　　　〕　B〔　　　　　　　　　〕

(2) Cは光合成に必要なエネルギーである。何のエネルギーか。　〔　　　　　　　〕

(3) 気体A，Bは，葉のすき間Dから出入りしている。このすき間を何というか。

〔　　　　　　　　　〕

(4) 水は，植物のどこからとり入れられて葉に運ばれるか。　〔　　　　　　　　〕

定期テスト 対策 問題(2) ✏️

1 図1，図2は，ある種子植物の葉と茎の断面の一部を模式的に表したものである。次の問いに答えなさい。 （各4点×8　32点）

図1　　　　　　図2

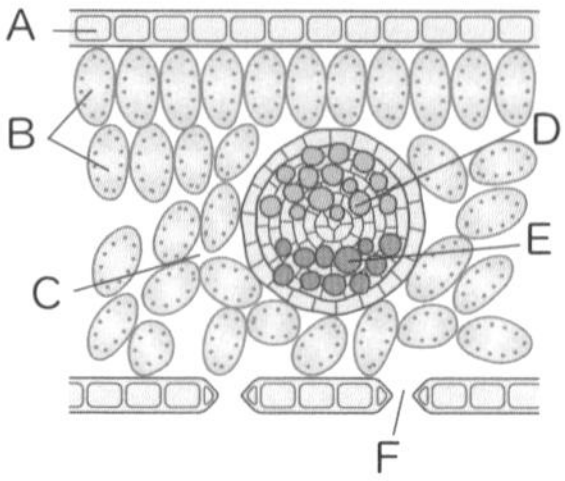

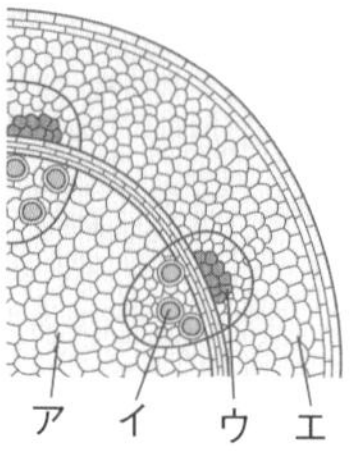

(1) 植物は，図1のFから水蒸気を体外に放出させる。このはたらきを何というか。

　　　　〔　　　　　　　　〕

(2) Fの部分のすき間を何というか。

　　　　〔　　　　　　　　〕

(3) Fからとり入れる光合成に必要な気体は何か。　〔　　　　　　　　〕

(4) 光合成が行われると，Fから出される気体は何か。　〔　　　　　　　　〕

(5) 図1で，光合成が行われる部分はA～Fのどこか。記号で答えなさい。また，その部分の名称を答えなさい。　記号〔　　　〕　名称〔　　　　　　　〕

(6) 光合成でできたデンプンは，水にとけやすい物質に変えられて，からだの各部に運ばれる。その物質が運ばれる管は，図1，図2のどの部分か。それぞれ図中の記号で答えなさい。　図1〔　　　　〕　図2〔　　　　〕

2 右の図は，顕微鏡で観察した植物の細胞のつくりを模式的に表したものである。次の問いに答えなさい。

（各4点×8　32点）

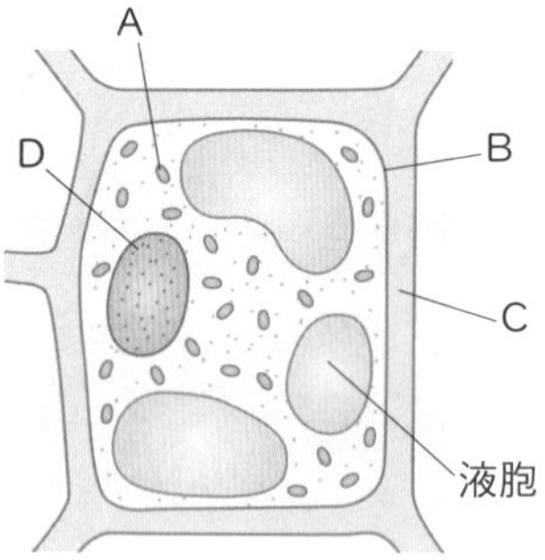

(1) 図のA～Cをそれぞれ何というか。

　　A〔　　　　　　　〕　B〔　　　　　　　〕

　　　　　　　　C〔　　　　　　　〕

(2) 図のA～Dのうち，動物の細胞には見られないものが2つある。その記号と名称をそれぞれ答えなさい。　記号〔　　　〕　名称〔　　　　　　　〕

　　　　　　　　　　　　　記号〔　　　〕　名称〔　　　　　　　〕

(3) 図のDをはっきり観察するために用いる染色液はどれか。下の{ }の中から選んで書きなさい。　〔　　　　　　　　〕

{ リトマス液　　ベネジクト液　　酢酸カーミン　　BTB液 }

3 図1，図2は，植物の根の形を表したものである。また，図3は，ある植物の茎の断面を表したものである。次の問いに答えなさい。　　　　（各3点×7　**21**点）

図1　イネの根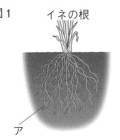

図2　アブラナの根  主根

図3 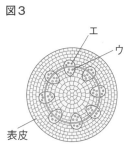 表皮

(1) 図1のア，図2のイの部分をそれぞれ何というか。

ア〔　　　　　　　〕　イ〔　　　　　　　〕

(2) 根の先端_{せんたん}部分には，細かい毛のようなものが生えていた。この毛のようなものを何というか。　　　　　〔　　　　　　　〕

(3) (2)で答えた部分から吸収されるものは，物質Aと物質Aにとけた肥料分である。物質Aは何か。　　　　　〔　　　　　　　〕

(4) 根から吸収された物質Aは，図3のウ，エのどの部分を通ってからだの各部に運ばれるか。記号で答えなさい。また，その管の名称を答えなさい。

記号〔　　　〕　名称〔　　　　　　　〕

(5) 図3のような茎のつくりをした植物の根は，図1，図2のどちらの形をしているか。　　　　　〔　　　　　　　〕

4 図1は，ある植物の茎の断面を模式的に表し，図2は，図1の一部を拡大したものである。次の問いに答えなさい。　　　　（各5点×3　**15**点）

(1) 葉でつくられた養分は，どの部分を通るか。図1，図2からそれぞれ選び，記号で答えなさい。

図1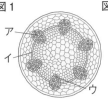

図2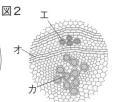

図1〔　　　〕　図2〔　　　〕

(2) 図2のような，道管と師管が集まって束のようになった部分を何というか。

〔　　　　　　　〕

1 からだのつくりと運動

① **骨と筋肉**　ヒトのからだには，かたい骨とやわらかい筋肉がある。

② **関節**　骨と骨のつなぎ目で，からだが曲がるところを関節という。関節は，うでや足だけでなく，からだ全体にある。

③ **からだを動かすしくみ**　ヒトは，骨でからだを支え，筋肉を縮めたり，ゆるめたりして，からだを動かす。

2 からだのつくりとはたらき

① **呼吸**　ヒトや動物は，空気を吸ったりはいたりしている。これを呼吸という。呼吸によって，空気中の酸素を体内にとり入れ，二酸化炭素を出している。呼吸のはたらきは，肺で行われている。

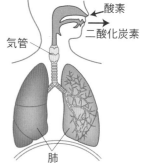

② **肺**　口や鼻から吸った空気は，気管を通って肺に入る。肺に入った空気中の酸素の一部が，血液中にとり入れられる。また，血液中から二酸化炭素が出され，はく空気に混じって体外に出される。

③ **消化**　口から入った食物が，消化管を通るうちに吸収されやすい養分に変えられることを消化という。

④ **消化管**　口→食道→胃→小腸→大腸→肛門までの食物の通り道を消化管という。

⑤ **消化液**　消化管で出され，食物を消化するはたらきをする液を消化液といい，だ液，胃液などがある。

⑥ **吸収**　消化された食物の養分は，水分とともに小腸で吸収され，血液中にとり入れられ，全身に運ばれる。

⑦ **血液の循環**　血液は，心臓から送り出されて血管を通って全身に運ばれ，やがて再び心臓にもどってくる。これを血液の循環という。

⑧ **全身の血液の循環**　血液は，肺でとり入れた酸素や，小腸で吸収した養分や水分などを全身に運び，二酸化炭素などを受けとって，心臓にもどる。さらに肺に送られて，二酸化炭素を出し，酸素を受けとる。

⑨ **おもな臓器**　ヒトには，心臓，肺，胃，小腸，大腸などの臓器がある。

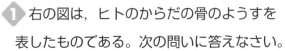
復習ドリル

1 右の図は，ヒトのからだの骨のようすを表したものである。次の問いに答えなさい。

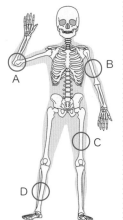

(1) 関節を示しているのはどこか。図のA〜Dから選びなさい。　〔　　　　　〕

(2) 関節は，からだのどこにあるか。次のア〜ウから選びなさい。　〔　　　　　〕

　ア　うでだけにある。

　イ　うでと足だけにある。

　ウ　からだ全体の，骨と骨のつなぎ目にある。

思い出そう

◀ヒトのからだは曲がるところが決まっている。からだが曲がるところが関節である。

2 右の図は，食物の通り道を表したものである。次の問いに答えなさい。

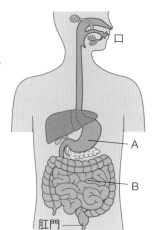

(1) A，Bの部分をそれぞれ何というか。

A〔　　　　　〕　B〔　　　　　〕

(2) 口から肛門までの食物の通り道を，何というか。　〔　　　　　〕

(3) 消化された養分を吸収する部分を何というか。　〔　　　　　〕

◀口からは，だ液が出て，胃からは胃液が出る。小腸では，養分と水分が吸収され，大腸では水分が吸収される。吸収されなかったものが，便として肛門から出される。

3 血液が全身をめぐるようすを調べた。次の問いに答えなさい。

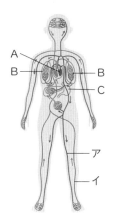

(1) 血液を全身に送り出している臓器は，A〜Cのうち，どれか。また，その臓器の名称を答えなさい。

　　　　　記号〔　　　　　〕

　　　　　名称〔　　　　　〕

(2) 酸素が多い血液が流れているのは，ア，イのどちらか。　〔　　　　　〕

◀心臓は，縮んだり，ゆるんだりして，血液を全身に送り出すポンプのような役割をしている。

単元2 動物のからだと行動

4章 消化と吸収 -1

❶ 食物中の養分と消化系

① **食物中の養分** デンプン，脂
→栄養分ともいう。　→炭水化物の1つ。
肪，タンパク質などの養分がふ
くまれている。この3つは炭素
をふくむ。
有機物という。→

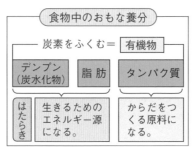

② **消化系のつくり**

●消化…食物
の中の養分
を分解して，
からだの中
に吸収され
やすい物質
に変えるは
たらき。

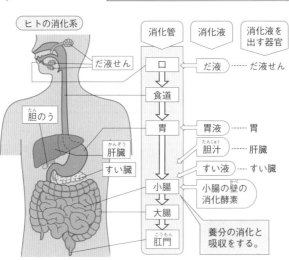

❷ 消化のはたらき

① **消化酵素** 消化液にふくまれ，食物中の養分を分解して吸収
→種類によって，決まった物質だけにはたらく。
されやすい物質にする。消化酵素は，わずかな量でもくり返し
はたらいて，多量の物質を変化させることができる。体温くら
いの温度で最もよくはたらく。
30℃～40℃←

② **消化液のはたらき** 消化液中の消化酵素は，それぞれ決まっ
た物質（養分）にはたらく。

●胆汁…肝臓でつくられ，脂肪の分解を助けるはたらきをする。
→消化酵素をふくまない。

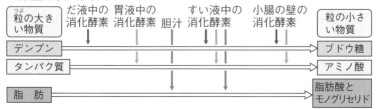

✦ 覚えると得 ✦

無機物

食塩，カルシウムな
どは，からだの調子
を整えるために必要
で，カルシウムは骨
をつくる成分の1つ
である。

胆のう

胆汁がためられてい
るところ。

デンプンと糖のちがい

〇デンプンはヨウ素
液と反応して，青紫
色に変化する。
あおむらさき

〇糖をふくむ液体に
ベネジクト液を加え
て加熱すると，赤かっ
色の沈殿ができる。
ちんでん

おもな消化酵素

アミラーゼ…デンプ
ンを分解する。デン
プンは，だ液で麦芽
ばくが
糖などになり，最終
とう
的に，小腸でブドウ
糖に分解される。

ペプシン…タンパク
質を分解する。胃液
にふくまれる。

トリプシン…タンパ
ク質を分解する。

リパーゼ…脂肪を分
解する。

基本チェック

左の「学習の要点」を見て答えましょう。

① 食物中の養分について，次の問いに答えなさい。　　　チェック P.42 ①

(1) デンプンには炭素がふくまれている。このように，炭素をふくむ物質を何というか。　　　〔　　　　　　　　〕

(2) 食物にふくまれる養分(栄養分)のうち，有機物を３つ書きなさい。
〔　　　　　　　〕〔　　　　　　　　〕〔　　　　　　　　〕

(3) 食物にふくまれる養分のうち，おもにからだをつくる原料になる養分は何か。
〔　　　　　　　　〕

② 消化について，次の問いに答えなさい。　　　チェック P.42 ②

(1) 消化液にふくまれ，食物中の養分を分解するはたらきをもつ物質を何というか。
〔　　　　　　　　〕

(2) (1)が最もよくはたらく温度を，次のア〜エから選び，記号で答えなさい。
〔　　　　　　　　〕

　　ア　0〜10℃　　イ　30〜40℃　　ウ　50〜70℃　　エ　90〜100℃

(3) 消化液中の(1)は，どんな物質にもはたらくか，決まった物質だけにはたらくか。
〔　　　　　　　　〕

③ 消化酵素について，次の問いに答えなさい。　　　チェック P.42 ②

(1) 次の①〜③の物質は，消化酵素によって分解され，それぞれ最終的には何という物質になるか。脂肪については，２つ書きなさい。

　　① デンプン　　　　　　　　　　　〔　　　　　　　　〕

　　② 脂肪　　　　　　　〔　　　　　　　〕〔　　　　　　　　〕

　　③ タンパク質　　　　　　　　　　〔　　　　　　　　〕

(2) デンプンを分解するだ液中の消化酵素は何か。　〔　　　　　　　　〕

(3) タンパク質を分解する胃液中の消化酵素は何か。　〔　　　　　　　　〕

4章 消化と吸収 –2

❸ 養分の吸収

① **小腸のつくり** 内側の壁に多数のひだ

があり，その表面に無数の柔毛がある。
→このため表面積が非常に大きい。

② **養分の吸収** 消化された養分の多くは，

小腸の柔毛で吸収される。

● ブドウ糖・アミノ酸…柔毛の毛細血管

に入った後，肝臓に運ばれる。
→ブドウ糖の一部はグリコーゲンとなって，たくわえられる。

● 脂肪酸・モノグリセリド…柔毛で吸収された後，再び脂肪に

なってリンパ管に入り，リンパ管を通って首の下で血管に入る。

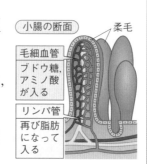

小腸の断面

柔毛

毛細血管
ブドウ糖，アミノ酸が入る

リンパ管
再び脂肪になって入る

❹ 細胞呼吸（細胞による呼吸）

吸収された養分は，全身

の細胞に運ばれ，酸素を
→血液によって運ばれる。

使ってエネルギーをとり出

し，二酸化炭素と水に分解

される。このはたらきを，

細胞呼吸という。
→内呼吸ともいう。

```
肺へ          消化管から
二酸化炭素  1つの細胞  養分

            エネルギー

水          酸素
肺やじん臓へ      肺から
```

❺ 呼吸系のしくみ

① **ヒトの呼吸系** 鼻や口→

気管→気管支→肺（肺胞）へ
→気管の先の枝分かれした部分

とつながっている。

● 肺胞…肺をつくっている
→無数にあるため，表面積が非常に大きい。
小さな袋。

② **肺胞での気体の交換** 肺

胞内の空気中から血液中に
→毛細血管内の血液

酸素をとり入れ，血液中の二酸化炭素を肺胞内に放出する。
→とり入れた酸素は，血液によって細胞へ運ばれる。

肺のつくり

気管支
気管
気管支
空気
血液（二酸化炭素が多い。）
血液（酸素が多い。）
肺胞
肺
横隔膜
毛細血管

✦ 覚えると得 ✦

動物の消化管
動物の食物の種類によって，消化管にちがいが見られる。一般に，草食動物の腸は，肉食動物の腸より長い。

大腸
水分はおもに小腸で吸収されるが，残りは大腸で吸収される。

柔毛や肺胞がある利点
柔毛や肺胞があると，小腸の内壁や肺の表面積がそれぞれ非常に大きくなり，養分の吸収や気体の交換が効率よくできる。

呼吸運動
ろっ骨と横隔膜が上下することにより，ろっ骨に囲まれた胸腔を広げたり，もとに戻したりして肺へ空気を出し入れする。ろっ骨が上がり，横隔膜が下がると，胸腔が広がり，肺の中に空気が吸いこまれる。

④ 養分の吸収について，次の問いに答えなさい。　　　　《 チェック P.44 ❸

(1) 胃，肝臓，小腸，大腸のうち，養分を吸収するのはどこか。

〔　　　　　　　　〕

(2) 小腸の内側の壁に多数のひだがあり，その表面に無数にある小さな突起を何と
　　いうか。　　　　　　　　　　　　　　　　　　　　〔　　　　　　　　〕

(3) 柔毛の表面からは，ブドウ糖，アミノ酸，脂肪酸，モノグリセリドという養分
　　が吸収される。

　　① 吸収されたブドウ糖とアミノ酸は，柔毛内の毛細血管とリンパ管のどちらに
　　　入るか。　　　　　　　　　　　　　　　　　　　〔　　　　　　　　〕

　　② 吸収された脂肪酸とモノグリセリドは，再び脂肪になるが，この脂肪は，毛
　　　細血管とリンパ管のどちらに入るか。　　　　　　〔　　　　　　　　〕

⑤ 細胞呼吸について，次の問いに答えなさい。　　　　　《 チェック P.44 ❹

(1) 消化管で吸収された養分は，何によって全身の細胞に運ばれるか。

〔　　　　　　　　〕

(2) 細胞に運ばれた養分は，何を使って，二酸化炭素と水に分解されるか。

〔　　　　　　　　〕

(3) 細胞呼吸は，生きるために必要なあるものをとり出すために行われている。こ
　　の，あるものとは何か。　　　　　　　　　　　　　〔　　　　　　　　〕

⑥ 呼吸系のしくみについて，次の文の〔　　〕にあてはまることばを書きなさい。

《 チェック P.44 ❺

・肺をつくっている，多数の小さな袋を〔① 　　　　　　　　〕という。
・肺胞では，肺胞内の空気中から血液中に〔② 　　　　　　　　〕をとり入れ，血液中の
　〔③ 　　　　　　　　〕を肺胞内に放出する。

45

単元2 動物のからだと行動

4章 消化と吸収

1 右の図は，ヒトの消化系を表している。次の
問いに答えなさい。 （各4点×6 **24**点）

≪≪ チェック P.42 ❶

(1) 次の □ 内は，食物の通り道を示している。
〔 〕にあてはまることばを書きなさい。

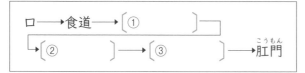

口 ⟶ 食道 ⟶ 〔①   〕
⟶ 〔②   〕 ⟶ 〔③   〕 ⟶ 肛門

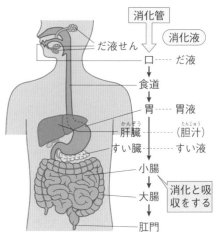

消化管
消化液
だ液せん
口 ---- だ液
食道
胃 ---- 胃液
肝臓
すい臓 ---- すい液
（胆汁）
小腸
大腸 → 消化と吸収をする
肛門

(2) (1)のように，口から肛門までつながる1本の
管を何というか。 〔   〕

(3) 次の①，②にあてはまる器官を，図の中から選んで，その名称を答えなさい。

① 胃液が出され，タンパク質が最初に消化されるところ。 〔   〕

② 消化とともに，消化された養分を体内に吸収するところ。 〔   〕

2 右の図は，デンプン（炭水化物），脂肪，
タンパク質が，ヒトのからだの中で消化さ
れる過程を模式的に表したものである。図
中のX，Y，Zはデンプン，脂肪，タンパ
ク質のいずれかであり，A，B，Cは，X，
Y，Zが消化されてできる物質である。次
の問いに答えなさい。 （各4点×9 **36**点）

≪≪ チェック P.42 ❷

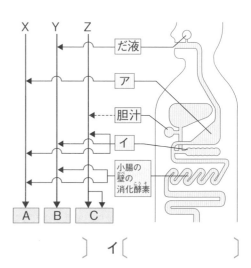

X Y Z
だ液
ア
胆汁
イ
小腸の壁の消化酵素
A B C

(1) 図中のア，イにあてはまる消化液をそれ
ぞれ何というか。 ア〔   〕 イ〔   〕

(2) 図中のX，Y，Zは，それぞれデンプン，タンパク質，脂肪のどれか。
X〔   〕 Y〔   〕 Z〔   〕

(3) 図中のA，B，Cはそれぞれ何か。ただし，Cの物質は2つである。
A〔   〕 B〔   〕
C〔   〕〔   〕

3 右の図は，ヒトのある消化器官の一部を表したものである。次の問いに答えなさい。

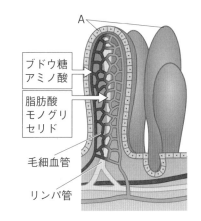

ブドウ糖
アミノ酸

脂肪酸
モノグリ
セリド

毛細血管

リンパ管

《 チェック P.44 ❸ (各4点×3 ⓬点)

(1) 図のようなつくりのある養分を吸収している消化器官は何か。　〔　　　　　　〕

(2) 図のAのような突起（とっき）を何というか。〔　　　　　〕

(3) 小腸の内側の壁のひだには，図のような突起が無数にある。この突起があると，養分の吸収に都合がよい。それは，突起がない場合に比べて，養分にふれる面積がどうなっているからか。　〔　　　　　　　　　　　　　〕

4 右の図は，細胞呼吸（さいぼう）のようすを模式的に表したものである。次の問いに答えなさい。

〈1つの細胞〉

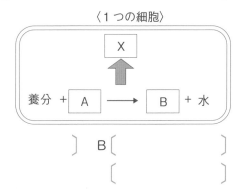

養分 ＋ A ⟶ B ＋ 水
X

《 チェック P.44 ❹ (各4点×3 ⓬点)

(1) 図中のA，Bにあてはまる物質はそれぞれ何か。　A〔　　　　　〕 B〔　　　　　〕

(2) このとき，とり出される図中のXは何か。　〔　　　　　〕

5 右の図は，ヒトの肺のつくりを表したものである。次の問いに答えなさい。

《 チェック P.44 ❺ (各4点×4 ⓰点)

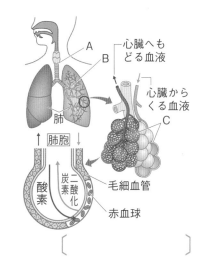

心臓へもどる血液

心臓からくる血液

肺

肺胞

C

毛細血管

赤血球

酸素　二酸化炭素

(1) 図のA〜Cの部分を，それぞれ何というか。下の{ }の中から選んで書きなさい。

A（口から肺へつながった太い管）〔　　　　　〕

B（Aから枝分かれした細い管）〔　　　　　〕

C（Bの先端（せんたん）の小さな袋（ふくろ））〔　　　　　〕

{ 肺胞（はいほう）　気管支　毛細血管　気管 }

(2) 肺胞をとり巻いている細かい網（あみ）の目のようなものは何か。(1)の{ }の中から選んで書きなさい。　〔　　　　　　〕

1 右の図は，ヒトの消化器官を模式的に表したものである。次の問いに答えなさい。 (各4点×13 52点)

(1) 図のB～Gのそれぞれの器官名を書きなさい。

B〔　　　　　〕　C〔　　　　　〕　D〔　　　　　〕

E〔　　　　　〕　F〔　　　　　〕　G〔　　　　　〕

(2) 図のA，Eから出される消化液を，それぞれ何というか。

A〔　　　　　〕　E〔　　　　　〕

(3) 次の①～③にそれぞれあてはまる器官名を書きなさい。

① デンプンが最終的にブドウ糖まで分解されるところ。　〔　　　　　〕

② 胆汁(たんじゅう)という消化を助ける液がつくられるところ。　〔　　　　　〕

③ それまで吸収されなかった残りの水分を吸収するところ。　〔　　　　　〕

(4) 胃で消化される養分は何か。下の{ }の中から選んで書きなさい。

〔　　　　　　　　　〕

{ デンプン　脂肪(しぼう)　タンパク質 }

(5) 小腸は，食物にふくまれる養分を消化するほかに，どんなはたらきをしているか。簡単に書きなさい。　〔　　　　　　　　　〕

2 右の図のように，うすいデンプンのりとだ液を入れた試験管を40℃に保ち，10分後，試験管の中の物質にベネジクト液を加えて加熱すると，赤かっ色の沈殿(ちんでん)ができた。次の問いに答えなさい。 (各4点×2 8点)

温度計
デンプンのりとだ液
40℃の温水

(1) デンプンは何という物質に変化したか。〔　　　　　〕

(2) だ液などの消化液にふくまれていて，食物中の養分を分解するはたらきをもつ物質を何というか。　〔　　　　　〕

---

1 (3)①まず，だ液によって麦芽糖などに分解される。　②胆汁は，Bの器官でつくられ，胆のうにためられている。

2 (2)だ液には，アミラーゼ，胃液には，ペプシンという消化酵素(こうそ)がふくまれている。

学習日		得点	
	月　日		点

3 右の図は，細胞が養分を，酸素を使ってAと水に分解し，Bをとり出すようすを模式的に表したものである。次の問いに答えなさい。　（各4点×6　**24**点）

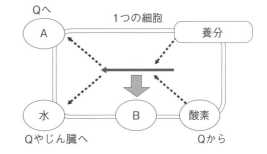

(1) 図中の気体Aは何か。〔　　　　　　〕

(2) ブドウ糖などの養分が分解されることによってとり出される図中のBは何か。　〔　　　　　　〕

(3) ブドウ糖は，ある消化器官から吸収されたものである。その消化器官は何か。
〔　　　　　　〕

(4) 吸収されたブドウ糖は，何によって全身の細胞に運ばれるか。〔　　　　　〕

(5) 酸素をとり入れたり，図中のAを体外に出したりする器官Qは何か。
〔　　　　　　〕

(6) ブドウ糖のほかに，脂肪やアミノ酸も，養分として細胞で同じような変化を受けるか，受けないか。　〔　　　　　　〕

4 右の図は，ヒトの肺のつくりを表したもので，矢印は空気と血液の流れの向きを表している。次の問いに答えなさい。　（各4点×4　**16**点）

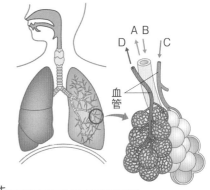

(1) 次の〔　　〕内は，呼吸によって出し入れされる酸素と二酸化炭素の経路を示している。〔　　〕にあてはまることばを書きなさい。

鼻・口 ⇄〔①　　　　〕⇄気管支⇄〔②　　　　〕⇄毛細血管⇄血液

肺

(2) 空気A，Bでは，どちらが酸素を多くふくんでいるか。　〔　　　　　〕

(3) 血液C，Dでは，どちらが二酸化炭素を多くふくんでいるか。　〔　　　　　〕

得点UP コーチ

3 消化管から吸収された養分は血液によって全身の細胞に運ばれ，酸素を使って二酸化炭素と水に分解される。

その際，エネルギーがとり出される。

4 (2)，(3)肺胞で空気中の酸素が血液中に入り，血液中の二酸化炭素が空気中に出される。

発展ドリル 🌱 **4章 消化と吸収**

1 食物にふくまれる養分について，次の問いに答えなさい。 （各5点×3 **15**点）

(1) ほとんどの食物は，むし焼きにすると，あとにすすや炭が残る。これは，食物中のおもな養分に，何がふくまれているためか。 〔　　　　　　　〕

(2) 食物にふくまれている養分のうち，おもにからだのはたらきを営むためのエネルギー源になる養分を2つ書きなさい。
〔　　　　　　　〕 〔　　　　　　　〕

2 試験管Aにうすいデンプン溶液と少量のだ液を入れ，試験管Bにはうすいデンプン溶液だけを入れた。これを，図のように36℃の湯に入れ，10分後に，Aの液をC，Dの試験管に，Bの液をE，Fの試験管に分けた。CとEにはヨウ素液を加え，DとFにはベネジクト液を加えて熱し，それぞれの色の変化を調べた。次の問いに答えなさい。 （各5点×6 **30**点）

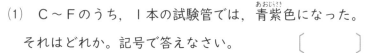

(1) C～Fのうち，1本の試験管では，青紫色になった。それはどれか。記号で答えなさい。 〔　　　　　〕

(2) DとFのうち，1本の試験管では，ある色の沈殿ができた。それはどちらか。記号で答えなさい。〔　　　　　〕

(3) (2)で，できた沈殿はどんな色をしているか。
〔　　　　　　　　〕

(4) この実験の結果から，どんなことがわかるか。次の文の〔　　〕にあてはまることばを書きなさい。
だ液は，〔①　　　　　　〕を〔②　　　　　　〕に変えるはたらきがある。

(5) この実験で，はじめ，A，Bの試験管を36℃の湯に入れたが，これは，何の温度と同じくらいの温度にするためか。 〔　　　　　　　〕

---

2 (1)ヨウ素液によって青紫色になるのは，デンプンが存在するものである。　(2)Aでは，デンプンがだ液のはたらきを受けて，別の物質ができている。　(3)ベネジクト反応→糖があると，赤かっ色の沈殿を生じる。

3 下の図は，食物の中の養分がヒトの消化管で消化され，小腸にある突起から吸収されて，体内に運ばれるようすを模式的に表したものである。次の問いに答えなさい。

(各5点×9　**45**点)

(1) 胆汁をつくる器官Aは何か。〔　　　　〕

(2) 消化液ア，イはそれぞれ何か。

ア〔　　　　〕

イ〔　　　　〕

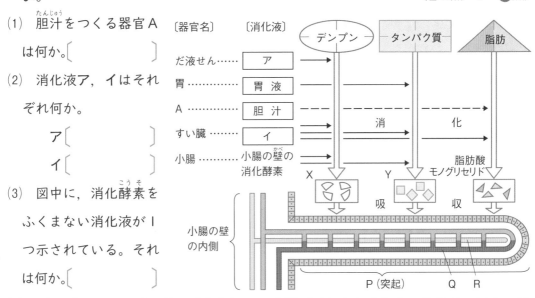

(3) 図中に，消化酵素をふくまない消化液が1つ示されている。それは何か。〔　　　　〕

(4) デンプン，タンパク質が消化されて，小腸で吸収されるときの物質X，Yを，それぞれ何というか。　X〔　　　　〕　Y〔　　　　〕

(5) 養分が吸収される小腸の突起Pを何というか。〔　　　　〕

(6) 図のQは毛細血管である。Rは何を示しているか。〔　　　　〕

(7) 毛細血管Qで吸収される養分は何か。すべて答えなさい。〔　　　　〕

4 走る前と走り終わった直後では，1分間あたりの呼吸の回数が異なっていた。次の問いに答えなさい。

(各5点×2　**10**点)

(1) 走る前と走り終わった直後では，1分間あたりの呼吸の回数が多いのはどちらか。〔　　　　〕

(2) (1)のような結果になったのは，走るためのエネルギーを生み出すために，細胞が何をより必要とするためか。〔　　　　〕

 得点UP コーチ

3 (1)胆汁は胆のうにためられるが，つくられるのは，胆のうではない。
(3)胆汁は，脂肪を分解はしないが，脂肪を細かい粒にする。　(4)デンプン，タンパク質が吸収されるときは，それぞれブドウ糖，アミノ酸に分解されている。

学習の要点

5章 血液の循環と排出 -1

1 循環系のしくみ

① **血液の通り道**　からだのすみずみまで血液が届くように，からだのあらゆる部分に，血管がはりめぐらされている。

② **血液の循環**　血液は，心臓→動脈→毛細血管→静脈→心臓と循環する。

● **動脈**…心臓から送り出される血液が通る血管。血管の壁は<u>厚く</u>，弾力がある。
  ▶高い圧力がかかるため。

● **静脈**…心臓にもどる血液が通る血管。血管の壁は動脈に比べてうすく，ところどころに血液の逆流を防ぐための弁がある。
  ▶動脈にはない。

● **毛細血管**…動脈と静脈をつなぐ細い血管。動脈が枝分かれして毛細血管になり，また，集まって静脈になる。
  ▶目に見えないほど細い。

③ **ヒトの心臓**　心臓は厚い筋肉でできていて，血液を送り出すポンプの役割をしている。

④ **ヒトの血液循環**

● **肺循環**…心臓を出て，肺を通って心臓にもどる。肺で血液中の二酸化炭素を放出し，酸素をとり入れる。
  ▶右心室
  ▶左心房

● **体循環**…心臓から，からだの各部を通って，心臓にもどる。全身の細胞に酸素と養分を与え，不要な物質を受けとる。
  ▶左心室
  ▶右心房
  ▶二酸化炭素やアンモニアなど。

⑤ **動脈血と静脈血**　血液には，動脈血と静脈血がある。

● **動脈血**…肺でとり入れた**酸素**を多くふくむ鮮やかな赤色の血液。
  ▶肺から全身の毛細血管まで流れる血液。

● **静脈血**…全身の細胞に**酸素**をわたした後の二酸化炭素を多くふくむ黒ずんだ赤色の血液。
  ▶全身の毛細血管から肺まで流れる血液。

血液の循環
→ 肺循環
--→ 体循環

✦ 覚えると得 ✦

毛細血管が細い理由

毛細血管は，細胞との間で，酸素や養分，二酸化炭素などの不要な物質とやりとりをするため，とても細かく枝分かれしている。また，壁もとてもうすい。

心臓の拍動

心臓は厚い筋肉によって，規則正しく収縮して，血液に圧力をかけ，血液を全身に送り出す。この運動を拍動という。

! ミスに注意

○動脈血は動脈を流れるとは限らない。肺動脈には静脈血が流れ，肺静脈には動脈血が流れる。

左の「学習の要点」を見て答えましょう。

① 循環系について，次の文の〔　　　〕にあてはまることばを書きなさい。

チェック P.52 ①

(1) からだのすみずみまで血液が届くように，からだのあらゆる部分に，

〔①　　　　　　　〕がはりめぐらされている。血液は，心臓 ⟶〔②　　　　　　　〕

⟶毛細血管⟶〔③　　　　　　　　〕⟶心臓と循環している。

(2) 心臓から送り出される血液が通る血管を〔①　　　　　　　〕といい，血管の壁は

〔②　　　　　　　〕く，弾力がある。

(3) 心臓にもどる血液が通る血管を〔①　　　　　　　〕といい，血管の壁の厚さは動

脈に比べると〔②　　　　　　　〕く，ところどころに血液の逆流を防ぐための

〔③　　　　　　　〕がある。

(4) 動脈と静脈をつなぐ細い血管を〔①　　　　　　　〕といい，〔②　　　　　　〕が

細かく枝分かれして①になり，また，集まって〔③　　　　　　　〕になる。

(5) 〔　　　　　　　　〕は厚い筋肉でできていて，血液を送り出すポンプの役割をし

ている。

(6) 心臓を出て，肺を通って心臓にもどる血液循環を〔①　　　　　　〕といい，肺

で血液中の〔②　　　　　　　〕を放出して，〔③　　　　　　〕をとり入れる。

(7) 肺循環で，血液を送り出す心臓の部屋を〔①　　　　　　〕といい，血液がもど

る部屋を〔②　　　　　　〕という。

(8) 心臓から，からだの各部を通って心臓にもどる血液循環を〔①　　　　　　〕といい，

全身の細胞に〔②　　　　　　〕と養分を与え，二酸化炭素などの〔③　　　　　　〕

を受けとる。

(9) 体循環で，血液を送り出す心臓の部屋を〔①　　　　　　〕といい，血液がもど

る部屋を〔②　　　　　　〕という。

(10) 肺でとり入れた酸素を多くふくむ鮮やかな赤色の血液を〔　　　　　　　〕とい

い，肺から全身の毛細血管まで流れる。

(11) 全身の細胞に酸素をわたした後の二酸化炭素を多くふくむ黒ずんだ赤色の血液

を〔　　　　　　　〕といい，全身の毛細血管から肺まで流れる。

学習の要点

5章 血液の循環と排出 -2

2 血液のはたらき

① **血液の成分とそのはたらき** 血液は，**血球**（赤血球，白血球，血小板）
→固形成分
と**血しょう**からできている。
→液体成分

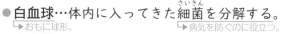

（血液の成分）
- 血球
  - 赤血球
  - 白血球
  - 血小板
- （液体）血しょう

- ●**赤血球**…**ヘモグロビン**という物質
  →円盤形　→鉄をふくんだ赤い色素。
  をふくみ，**酸素を運ぶ**。

- ●**白血球**…体内に入ってきた**細菌を分解する**。
  →おもに球形。　　　　　　→病気を防ぐのに役立つ。

- ●**血小板**…出血したとき，**血液を固める**。

- ●**血しょう**…**養分**や**不要な物質**をとかしこんで運ぶ。
  →透明な液体。　　　→二酸化炭素やアンモニアなど。

② **組織液とそのはたらき**

- ●**組織液**…血しょうの一部が毛
  細血管からしみ出し，細胞の
  まわりを満たしている液。

- ●**組織液のはたらき**…血液と細
  胞との間の**物質の交換**のなか
  →酸素や養分を細胞へ。
  だちをする。
  細胞から不要な物質を血液へ。

（組織液のはたらき）
毛細血管／血液の流れ／養分／赤血球／酸素／血しょう／組織液／不要物／からだの細胞／二酸化炭素

3 排出系のしくみ

① **じん臓** 血液から**尿素**などの不
要な物質をこしとる。**塩分の濃度**
を調節する。それらは，尿として
→余分な水分や塩分をこしとる。
輸尿管を通ってぼうこうに一時た
められ，体外に排出される。

② **汗せん** 血液中の不要な物質を汗と
してこし出す。**体温の調節**にも役立つ。
→水分が蒸発するとき，熱がうばわれる。

③ **肝臓のはたらき** 有害な物質を無害な物質に変える。アンモ
ニアを尿素につくり変える，など。

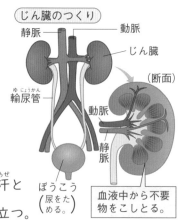

（じん臓のつくり）
静脈／動脈／じん臓／（断面）／輸尿管／動脈／静脈／ぼうこう（尿をためる。）／血液中から不要物をこしとる。

✦ 覚えると得 ✦

ヘモグロビン
酸素の多いところで
は酸素と結びつき，
酸素の少ないところ
では酸素を放出する
性質がある。

重要 テストに出る

- ●血液は，肺循環で
  酸素をとり入れ，体
  循環で細胞に酸素を
  わたす。

- ●赤血球で酸素を，
  血しょうで養分やニ
  酸化炭素などの不要
  な物質を運ぶ。

- ●酸素や養分，不要
  な物質は，組織液を
  なかだちとして細胞
  に出入りする。

✦ 覚えると得 ✦

肝臓のはたらき
❶養分を一時たくわ
える。❷胆汁をつく
る。❸有害な物質を
無害な物質に変える。

基本チェック

左の「学習の要点」を見て答えましょう。

② 右の図は，ヒトの血液を顕微鏡で観察したときのスケッチである。次の問いに答えなさい。 《 チェック P.54 ②

（血液の成分）

赤血球
白血球
血小板
血球
（液体）血しょう

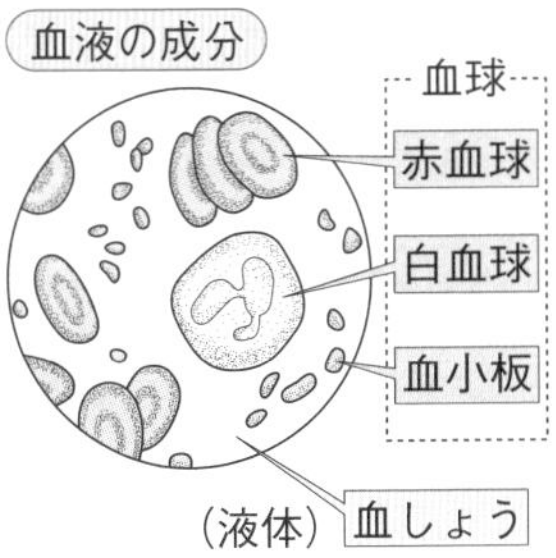

(1) 血液の中で固形成分のものを3つ書きなさい。

[　　　　] [　　　　] [　　　　]

(2) ヘモグロビンという物質をふくみ，酸素を運ぶ血液の

成分は何か。　　　　　　　　　　[　　　　　　]

(3) 出血したとき，血液を固める血液の成分は何か。　[　　　　　　]

(4) 養分や不要な物質をとかしこんで運ぶ血液の成分は何か。[　　　　]

(5) 体内に入ってきた細菌などを分解する血液の成分は何か。[　　　　]

(6) 組織液について，次の文の[　　]にあてはまることばを書きなさい。

・組織液は[① 　　　　　　]の一部が毛細血管からしみ出し，細胞のまわりを満

たしている液である。

・組織液は，血液と[② 　　　　　　]との間の物質の交換のなかだちをする。

③ 右の図は，ヒトの排出器官を表したものである。次の問いに答えなさい。

《 チェック P.54 ③

静脈　動脈
A
B
C

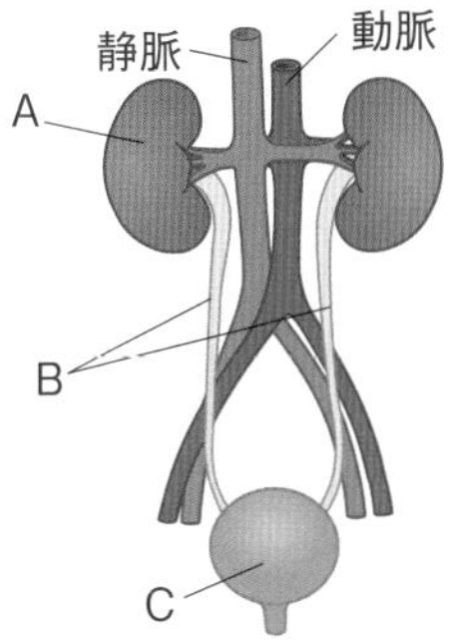

(1) A，B，Cの部分をそれぞれ何というか。

A[　　　　　　]　B[　　　　　　]

C[　　　　　　]

(2) アンモニアが肝臓でつくり変えられてできた物質は，

じん臓でこしとられる。この物質を何というか。

[　　　　　　]

(3) じん臓は，尿素と水を排出するはたらきをしているが，もう1つ血液にふくま

れた余分な物質を排出している。その物質は何か。下の{　}の中から選んで書き

なさい。　　　　　　　　　　　　　　　　[　　　　　　]

{ ブドウ糖　　酸素　　塩分 }

5章 血液の循環と排出

1 右の図1は，ヒトの血液の循環を，図2は心臓のつくりを，それぞれ模式的に表したものである。また，図中の矢印は，血液の流れの向きを示している。次の問いに答えなさい。

《 チェック P.52 ❶ (各4点×13 52点)

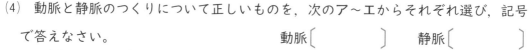

図1　肺の毛細血管　A　B　心臓　D　C　全身の毛細血管

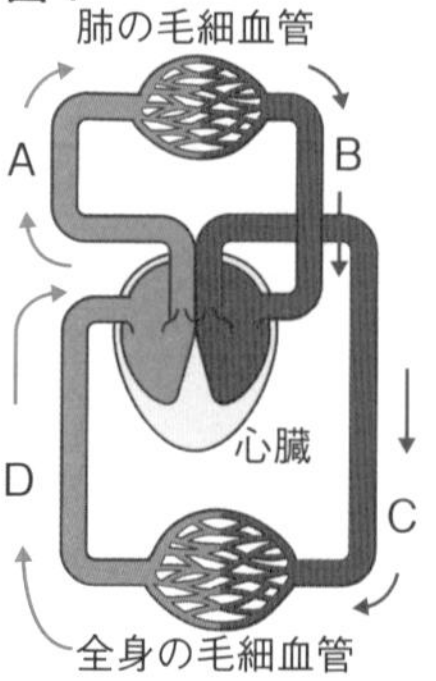

図2　全身へ　F G　肺へ　全身から　肺から　E　右心房　左心房　H　全身から　右心室　左心室

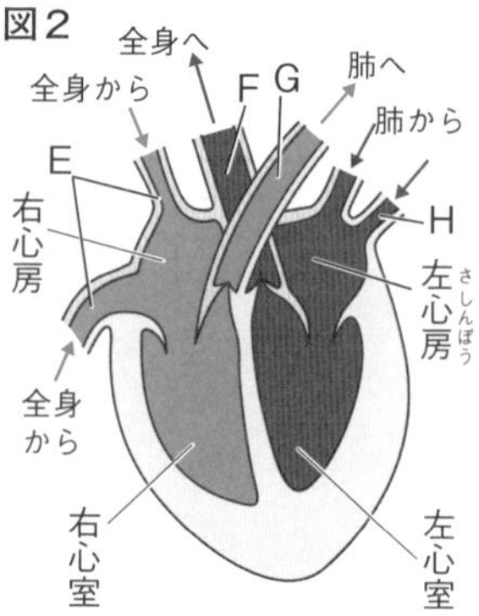

(1) 血液を全身に送り出すポンプの役割をしている器官は何か。　〔　　　　　　〕

(2) 心臓から送り出される血液が流れる血管を何というか。　〔　　　　　　〕

(3) 心臓にもどる血液が流れる血管を何というか。　〔　　　　　　〕

(4) 動脈と静脈のつくりについて正しいものを，次のア〜エからそれぞれ選び，記号で答えなさい。　動脈〔　　　　　〕　静脈〔　　　　　〕

　ア　壁が厚く，血液の逆流を防ぐための弁がない。

　イ　壁が厚く，血液の逆流を防ぐための弁がついている。

　ウ　一方の血管に比べ壁がうすく，血液の逆流を防ぐための弁がない。

　エ　一方の血管に比べ壁がうすく，血液の逆流を防ぐための弁がついている。

(5) 動脈と静脈をつなぐ，非常に細かい血管を何というか。　〔　　　　　　〕

(6) 図1のAとBの血管を流れる血液は，どちらのほうが酸素を多くふくんでいるか。記号で答えなさい。　〔　　　　　　〕

(7) 動脈血が流れている動脈はどれか。図1のA〜Dから選び，記号で答えなさい。　〔　　　　　　〕

(8) 二酸化炭素を多くふくむ血液が流れている血管はどれか。図1のA〜Dからすべて選び，記号で答えなさい。　〔　　　　　　〕

(9) 図2で，血管E〜Hをそれぞれ何というか。下の{ }の中から選んで書きなさい。

E〔　　　　　　〕　F〔　　　　　　〕

G〔　　　　　　〕　H〔　　　　　　〕

{　肺動脈　　肺静脈　　大動脈　　大静脈　}

2 右の図は，ヒトの血液を顕微鏡で観察したときのスケッチである。次の問いに答えなさい。

≪≪ チェック P.54 ❷① (各4点×6 **24**点)

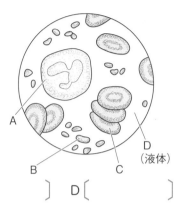

(1) 血液は，右の図のA〜Cのような固形成分とDのような透明な液体からできている。A〜Dをそれぞれ何というか。下の{ }の中から選んで書きなさい。

A〔　　　　　〕　B〔　　　　　〕　C〔　　　　　〕　D〔　　　　　〕

{ 赤血球　　白血球　　血小板　　血しょう }

(2) 次の①，②のはたらきをする血液の成分を，(1)の{ }の中から選んで書きなさい。

① 養分(栄養分)や，二酸化炭素などの不要な物質を運ぶ。〔　　　　　　　〕

② ヘモグロビン(赤い色素)という物質をふくみ，酸素を運ぶ。〔　　　　　〕

3 右の図は，からだの各細胞での，物質の交換のようすを表したものである。次の問いに答えなさい。

≪≪ チェック P.54 ❷② (各4点×3 **12**点)

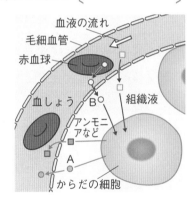

(1) 組織液は，血液中の何という成分が，毛細血管の壁から細胞間にしみ出たものか。〔　　　　　　　〕

(2) 図中の物質A，Bは，それぞれ，酸素，二酸化炭素，養分のうちのどれか。

A〔　　　　　〕　B〔　　　　　〕

4 右の図は，からだの中でできた有害なアンモニアを排出する過程を表した模式図である。次の問いに答えなさい。

≪≪ チェック P.54 ❸ (各4点×3 **12**点)

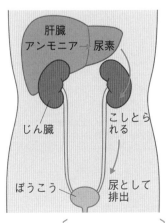

(1) アンモニアを無害な物質につくり変える器官は何か。

〔　　　　　　　〕

(2) アンモニアは，(1)の器官で何という物質につくり変えられるか。〔　　　　　　　〕

(3) (2)の物質を血液からこしとるはたらきをする器官は何か。〔　　　　　　　〕

1 右の図は，ヒトの血液循環の道筋を模式的に表したものである。次の問いに答えなさい。 （各4点×10 **40**点）

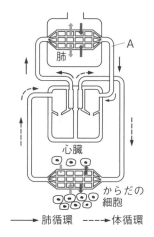

肺

A

心臓

からだの
細胞

——→ 肺循環　---→ 体循環

(1) 血液が，心臓から肺を通って心臓にもどる道筋を，肺循環という。

① 肺から心臓へもどる血液が流れる，血管Aを何というか。 〔　　　　　　　〕

② 肺循環で，血液が肺から受けとる気体は何か。下の{ }の中から選んで書きなさい。 〔　　　　　　　〕

{ 窒素　二酸化炭素　アンモニア　酸素 }

③ 肺循環で，血液から肺に出される気体は何か。②の{ }の中から選んで書きなさい。 〔　　　　　　　〕

(2) 血液が，心臓から全身を回って心臓にもどる道筋を，体循環という。

① 体循環で，心臓から出た血液は何という血管を通るか。 〔　　　　　　　〕

② 体循環では，血液はからだの各部の細胞に何を与えるか。下の{ }の中から2つ選んで書きなさい。

〔　　　　　　　〕〔　　　　　　　〕

{ 窒素　二酸化炭素　酸素　養分　不要な物質 }

③ 体循環では，血液はからだの各部の細胞から何を受けとるか。②の{ }の中から2つ選んで書きなさい。

〔　　　　　　　〕〔　　　　　　　〕

(3) 肺でとり入れた酸素を多くふくむ血液を動脈血，からだの各細胞に酸素を与え，二酸化炭素を多くふくむ血液を静脈血という。

① 肺静脈に流れている血液は，動脈血か，静脈血か。 〔　　　　　　　〕

② 静脈血は，心臓からどこに向かって送り出されるか。 〔　　　　　　　〕

得点UP
コーチ

1 (1)肺循環…心臓→肺動脈→肺→肺静脈→心臓。肺循環は，血液中に酸素をとり入れ，二酸化炭素を出す道筋である。

(2)体循環…心臓→動脈→からだの各部の毛細血管→静脈→心臓。体循環では，細胞に酸素と養分を与える。

2 右の図は，ヒトの血液の成分の一部を模式的に表したものである。次の問いに答えなさい。

A　B　C

(各5点×6　30点)

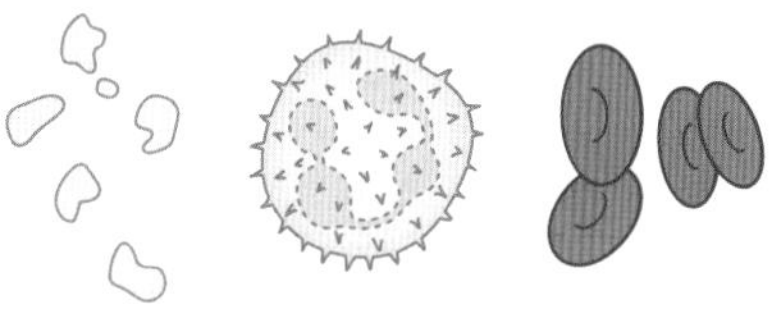

(1) 血液の成分を大きく2つに分けると，血球と血しょうに分けられる。右の図は，そのどちらの成分を示しているか。

〔　　　　　〕

(2) 赤い物質をふくむ成分は，A～Cのどれか。記号で答え，その名称も答えなさい。

記号〔　　　〕　名称〔　　　　　〕

(3) (2)の赤い物質は，何とよばれる物質か。　〔　　　　　〕

(4) (2)の赤い物質は，何という物質を運ぶはたらきをするか。

〔　　　　　〕

(5) 血液の成分である血しょうは，二酸化炭素やアンモニアなどの不要な物質を運ぶほかに，何を運ぶはたらきをするか。　〔　　　　　〕

3 不要な物質を尿として体外に排出する排出系について，次の問いに答えなさい。

(各5点×6　30点)

(1) 血液中から，不要な物質をこしとるはたらきをする器官を何というか。

〔　　　　　〕

(2) 尿を一時ためておく器官を何というか。　〔　　　　　〕

(3) (1)の器官から，尿を(2)の器官へ運ぶ管を何というか。　〔　　　　　〕

(4) (1)の器官では，不要な物質をこしとり，からだに必要なものは，再び血液にもどされる。次の物質のうち，こしとられるものには×，血液にもどされるものには○をつけなさい。

尿素〔　　　〕　アミノ酸〔　　　〕　ブドウ糖〔　　　〕

得点UPコーチ **2**(2), (3)血液が赤いのは，赤血球にふくまれる赤い色素のヘモグロビンのためである。　(5)養分や，二酸化炭素，アンモニアなどの不要な物質は，血しょうにとけこんで運ばれる。

3(4)尿素は無害だが，不要な物質である。

発展ドリル 🌱 **5章 血液の循環と排出**

1 右の図は，3種類の血管のつくりを表したもので，それぞれ動脈，静脈，毛細血管のいずれかである。次の問いに答えなさい。 （各5点×9 **45**点）

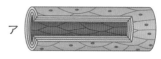
ア

イ

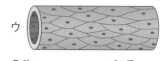
ウ

(1) 次の①〜③は，それぞれどの血管について述べたものか。血管の名称を答えなさい。また，その血管のつくりを，図のア〜ウから選び，記号で答えなさい。

名称　　　　　　記号

① 非常に細い血管で，血液が運んできた養分や酸素がこの部分で血管の外へ出て，細胞に運ばれる。〔　　　　〕〔　　　　〕

② この血管の壁は厚く，弾力性に富んでいる。〔　　　　〕〔　　　　〕

③ 血液の逆流を防ぐしくみがある。〔　　　　〕〔　　　　〕

(2) 次の（　　）内は，心臓から流れ出た血液が心臓にもどってくるまでの道筋を示したものである。〔　　〕にあてはまる血管を，上の下線部から選んで書きなさい。

（ 心臓 ➡ 〔① 　　　　〕➡〔② 　　　　〕➡〔③ 　　　　〕➡心臓 ）

2 右の図は，正面から見たヒトの血液の循環を模式的に表したものである。次の問いに答えなさい。

（各5点×4 **20**点）

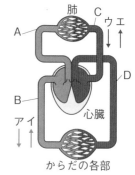

(1) 血管Bを流れる血液は，ア，イのどちらの向きに流れているか。〔　　　　〕

(2) 血管Cを流れる血液は，ウ，エのどちらの向きに流れているか。〔　　　　〕

(3) 静脈血の流れている血管はどれか。図のA〜Dから2つ選び，記号で答えなさい。〔　　　　〕〔　　　　〕

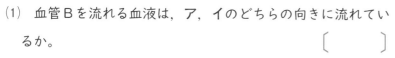

得点UP コーチ

1 (1)毛細血管の壁は1層の細胞でつくられている。また，静脈には，血液の逆流を防止する弁がある。

2 (3)からだの各部を通り，肺の毛細血管までを流れる血液は，二酸化炭素を多くふくむ。

3 右の図は，細胞と血液の間の物質の移動を模式的に表したものである。次の問いに答えなさい。　　　　（各5点×3　**15**点）

(1) 液Cは，細胞のまわりを満たしている。この液を何というか。　　　〔　　　　　　〕

(2) 図中のAは毛細血管中の血液から細胞にわたされる物質，Bは細胞から血液にわたされる物質である。A，Bの物質を，それぞれ下の{　}の中からすべて選んで書きなさい。

A〔　　　　　　　　　　　　〕　B〔　　　　　　　　　　　　　　〕

{　酸素　　二酸化炭素　　ブドウ糖など　　アンモニアなど　}
　　　　　　　　　　　└▶養分

4 右の図は，ヒトの排出器官（はいしゅつ）の一部を模式的に表したものである。次の問いに答えなさい。　　　　（各4点×5　**20**点）

(1) 図中のAの器官を何というか。　　〔　　　　　　〕

(2) Aの器官は，何をこしとるはたらきをしているか。下の{　}の中から選んで書きなさい。

〔　　　　　　　　〕

{　酸素　　二酸化炭素　　尿素（にょうそ）　　アンモニア　}

(3) (2)の物質がつくられるのは，どの器官か。下の{　}の中から選んで書きなさい。

〔　　　　　　　　〕

{　肝臓（かんぞう）　　小腸　　大腸　　ぼうこう　}

(4) 図中のBの管を何というか。　　　　　　　　　　〔　　　　　　　〕

(5) 血液中の不要な物質は，水とともにこしとられて尿となる。尿は，Bの管を通ってある器官に一時ためられた後，排出される。ある器官とは何か。

〔　　　　　　　　〕

---

3 (1)組織液によって物質交換（こうかん）がなかだちされる。

4 (2)血液中にふくまれる不要な物質のうち，二酸化炭素は肺で，その他の物質は，大部分がじん臓から排出される。

❶ 感覚器官のしくみ

① **刺激** 生物にはたらきかけて，反応を起こさせるもの。

② **感覚器官** まわりの変化を刺激として受けとる器官のこと。
目（視覚），耳（聴覚），鼻（嗅覚），
舌（味覚），皮膚など。

● **目**…目の奥にある**網膜**が光
の刺激を受けとる。
└→網膜の細胞が受けとる。

● **耳**…音を伝える空気の振動
が**鼓膜**を振動させ，**うずま**
き管に伝わって，うずまき
└→液体が入っている。
管で音の刺激を受けとる。
└→うずまき管の細胞が受けとる。

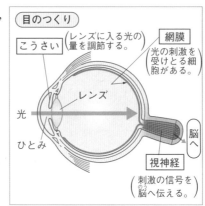

目のつくり

こうさい（レンズに入る光の量を調節する。）

網膜（光の刺激を受けとる細胞がある。）

レンズ

光

ひとみ

脳へ

視神経（刺激の信号を脳へ伝える。）

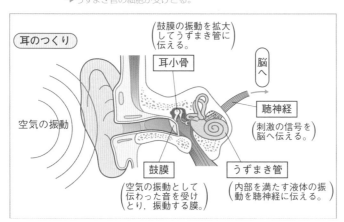

耳のつくり

鼓膜の振動を拡大してうずまき管に伝える。

耳小骨

脳へ

聴神経（刺激の信号を脳へ伝える。）

空気の振動

鼓膜（空気の振動として伝わった音を受けとり，振動する膜。）

うずまき管（内部を満たす液体の振動を聴神経に伝える。）

● **皮膚の感覚**…圧力，温度，痛さなどを刺激として受けとる部
分がある（**触覚，温覚，冷覚，痛覚**など）。

③ **反応** 光・音・においなど，刺激を受けて行動すること。意
識的に行われる反応と無意識に行われる反応がある。
└→反射という。P.64参照。

⑳ こうさいは，明るさに応じてひとみ
の大きさを変え，レンズに入る光の量
を，最も見やすい状態に調節する。カ
└→無意識に行われる反射。
メラでのしぼりと同じはたらきをする。

暗いとき

ひとみ

こうさい

ひとみを大きくして，レンズに入る光の量を増やす

明るいとき

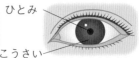

ひとみを小さくして，レンズに入る光の量を減らす

✦ 覚えると得 ✦

草食動物と肉食動物の目のつき方

草食動物の目は横向き。→視野が広く，広範囲を見わたせる。→まわりを警戒しやすい。

肉食動物の目は前向き。→視野はせまいが，立体的に見える範囲が広い。→えものをねらいやすい。

感覚と脳

感覚器官が刺激を受けとっただけでは，感覚が生じたことにならない。刺激を受けとった感覚器官から神経を通して，脳に信号が伝えられてはじめて，視覚・聴覚などの感覚が生じる。

1 感覚器官について，次の問いに答えなさい。

チェック P.62 ①

(1) 次の文の〔　　〕にあてはまることばを書きなさい。

・まわりの変化を刺激として受けとる器官を〔① 　　　　　　　〕器官という。

・光を刺激として受けとる器官は〔② 　　　　　　　〕である。

・音を刺激として受けとる器官は〔③ 　　　　　　　〕である。

・においを刺激として受けとる器官は〔④ 　　　　　　　〕である。

・味を刺激として受けとる器官は〔⑤ 　　　　　　　〕である。

・圧力，温度，痛さなどを刺激として受けとる器官は〔⑥ 　　　　　　　〕である。

(2) 図1は，ヒトの目のつくりを表したもので，目は，光の刺激を受けとる感覚器官である。図1中のア〜エの部分の名称を，下の{ }の中から選んで書きなさい。

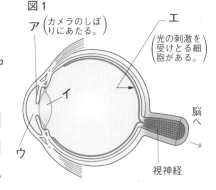

図1

ア（カメラのしぼりにあたる。）

エ（光の刺激を受けとる細胞がある。）

脳へ

視神経

ア〔　　　　　　　　〕　イ〔　　　　　　　　〕
ウ〔　　　　　　　　〕　エ〔　　　　　　　　〕

{ 網膜　　レンズ　　こうさい　　ひとみ }

(3) 目に入る光の量を調節する部分を何というか。

〔　　　　　　　　　〕

(4) 図2は，ヒトの耳のつくりを表したものである。図2中のア〜ウの部分の名称を，下の{ }の中から選んで書きなさい。

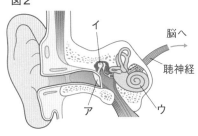

図2

脳へ

聴神経

ア〔　　　　　　　　〕　イ〔　　　　　　　　〕
ウ〔　　　　　　　　〕

{ うずまき管　　鼓膜　　耳小骨 }

(5) 音の振動を刺激として受けとり，神経に伝える部分を何というか。

〔　　　　　　　　　〕

2 脳と神経のしくみ

① **神経系** 脳やせきずいと全身の神経をまとめて神経系という。

● **中枢神経**…脳とせきずい。反応の命令を出すはたらきをする。

● **末しょう神経**…中枢神経から枝分かれして全身に広がる神経。

● **感覚神経**…感覚器官からの刺激の信号を中枢神経に伝える神経。
　└運動神経と合わせて末しょう神経という。

● **運動神経**…中枢神経からの命令の信号を筋肉に伝える神経。
　└感覚神経と合わせて末しょう神経という。

② **刺激の伝わり方**―（意識して行動を行う場合）

中枢神経

刺激 → 感覚器官 → 感覚神経 → せきずい → 脳 → せきずい → 運動神経 → 筋肉 → 反応

刺激の信号を伝える。　判断して命令を出す。　命令の信号を伝える。

③ **反射** 意識とは無関係に、刺激を受けてすぐ起こる反応のこと。

例　熱いものにふれたとき、思わず手を引っこめる。

● **反射の特徴**…①信号が脳を通らない（脳は無関係）。

②意識的な行動に比べて、反応がすばやい。

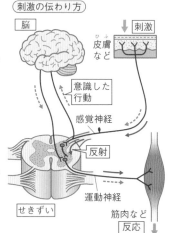

刺激の伝わり方

脳

刺激

皮膚など

意識した行動

感覚神経

反射

せきずい

運動神経

筋肉など

反応

反射の場合の刺激の伝わり方

刺激 → 感覚器官 → 感覚神経 → せきずい → 運動神経 → 筋肉 → 反応

命令を出す。

3 運動のしくみ

① **骨格と筋肉による運動** 骨についている筋肉が、中枢神経の命令
　└筋肉のはしをけんという。
を受けて骨格を動かす。

● **うでの屈伸**…2つの筋肉が交互
　└関節のところで曲がる。
に縮むことにより、屈伸する。

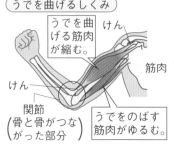

うでを曲げるしくみ

うでを曲げる筋肉が縮む。

けん

筋肉

けん

関節（骨と骨がつながった部分）

うでをのばす筋肉がゆるむ。

基本チェック

左の「学習の要点」を見て答えましょう。

② 脳と神経のしくみについて，次の問いに答えなさい。　チェック P.64 ②

(1) 次の文の〔　〕にあてはまることばを書きなさい。

・脳やせきずいと全身の神経をまとめて〔① 　　　　〕という。

・脳やせきずいのことを〔② 　　　　〕神経という。

・感覚器官からの刺激の信号を中枢神経に伝える神経を〔③ 　　　　〕という。

・中枢神経からの命令の信号を筋肉に伝える神経を〔④ 　　　　〕という。

・感覚神経や運動神経などを〔⑤ 　　　　〕神経という。

・意識とは無関係に，刺激を受けてすぐ起こる反応を〔⑥ 　　　　〕という。

(2) 意識して行動する場合と反射の場合の刺激の伝わり方で，下の①，②には，ア，イのどちらが入るか。記号で答えなさい。

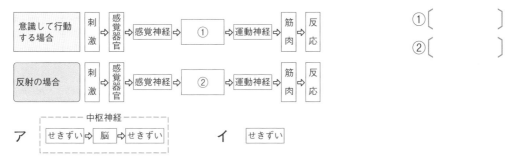

①〔　　　　　〕

②〔　　　　　〕

(3) 次のア～ウから反射をすべて選び，記号で答えなさい。　〔　　　　　〕

ア　暗いところでは，ひとみが大きくなった。

イ　信号が青になったので，歩き出した。

ウ　食物を口の中に入れると，自然にだ液が出てきた。

③ 運動のしくみについて，次の文の〔　〕にあてはまることばを書きなさい。
チェック P.64 ③

・骨格についている〔① 　　　　〕が，中枢神経の命令を受けて骨格を動かす。

・骨と骨がつながった部分を〔② 　　　　〕という。

基本
ドリル 🌱 **6章 刺激<small>しげき</small>と反応**

---

1 右の図は，ヒトの目のつくりを表したものである。次

の問いに答えなさい。《 チェック P.62 ❶ (各5点×5 **25**点)

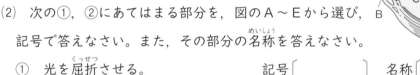

(1) Aの部分を何というか。　〔　　　　　〕

(2) 次の①，②にあてはまる部分を，図のA〜Eから選び，

記号で答えなさい。また，その部分の名称<small>めいしょう</small>を答えなさい。

① 光を屈折<small>くっせつ</small>させる。　　記号〔　　　〕　名称〔　　　　　〕

② 光の刺激<small>しげき</small>を受けとる細胞<small>さいぼう</small>がある。

記号〔　　　〕　名称〔　　　　　〕

---

2 図1は，ヒトの神経系のつくりを模式的に表したものであり，図2は，感覚器官

が刺激を受けてから反応(行動)が起こるまでの，信号の伝達経路を図式化したもの

である。次の問いに答えなさい。　　　《 チェック P.64 ❷ (各5点×6 **30**点)

(1) 感覚器官が受けとった刺激の信号を，脳やせ

きずいに伝える神経を何というか。

〔　　　　　　〕

(2) 刺激の信号を受けとり，生じた感覚から判断

して，運動の命令を出すのはどこか。

〔　　　　　　〕

(3) 脳とからだの各部の神経との間の，信号のや

りとりのなかだちをしているのはどこか。

〔　　　　　　〕

(4) 脳とせきずいをまとめて，何というか。

〔　　　　　　〕

(5) 中枢<small>ちゅうすう</small>神経が出した命令を，筋肉(運動器官)に

伝える神経を何というか。〔　　　　　　〕

(6) 感覚神経と運動神経などをまとめて何というか。　〔　　　　　　〕

図1

神経系のつくり

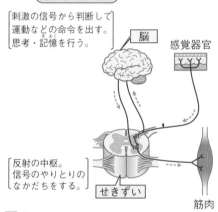

図2

信号の経路

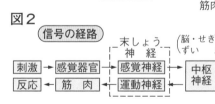

3 下の図は，ヒトの耳のつくりを表したものである。次の問いに答えなさい。

チェック P.62 ① （各5点×4　20点）

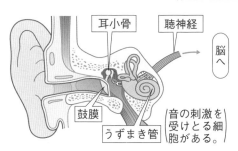

(1) 耳は，何の刺激を受けとる感覚器官か。〔　　　　　　　〕

(2) 耳には，音の振動（しんどう）が届くと，ふるえる膜（まく）がある。この膜を何というか。

〔　　　　　　　〕

(3) 次の□□内は，音の刺激が脳に伝わる道筋を示している。〔　　〕にあてはまることばを書きなさい。

| （音）⇨鼓膜（こまく）→〔①　　　　　　　　〕→〔②　　　　　　　　〕→聴神経（ちょうしんけい）→脳 |

4 右の図は，ヒトのうでの骨格と筋肉のつき方を表している。次の問いに答えなさい。

チェック P.64 ③ （各5点×5　25点）

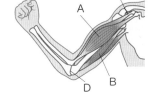

(1) 図のようにうでを曲げたとき，AとBの筋肉は，それぞれ縮んでいるか，ゆるんでいるか。

A〔　　　　　　　〕 B〔　　　　　　　〕

(2) うでをのばすとき，Bの筋肉はどうなるか。〔　　　　　　　〕

(3) 図のC，Dの部分の名称を，それぞれ下の{ }の中から選んで書きなさい。

C（骨につながっている筋肉のはしの部分）〔　　　　　　　〕

D（骨と骨がつながった部分）〔　　　　　　　〕

{ 関節　骨盤（こつばん）　筋　けん }

1 反射について，次の問いに答えなさい。　（各6点×3　**18**点）

(1) 右の図は，熱いものにふれて，思わず手を引いたときの，神経系における信号の伝わり方を説明したものである。信号はどのように伝わったか。次の〔　〕にあてはまることばを書きなさい。

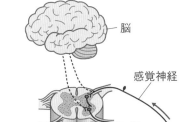

脳
感覚神経
運動神経
せきずい
皮膚
筋肉

手の皮膚（ひ　ふ）→感覚神経→〔①　　　〕

→〔②　　　　　〕→うでの筋肉

(2) 図の場合と同じように，無意識に起こる反応を，次のア～ウから選び，記号で答えなさい。

〔　　　〕

ア　名演技を見て，思わず拍手（はくしゅ）した。

イ　食物を口の中に入れると，だ液が出てきた。

ウ　ボールが飛んできたので，キャッチした。

2 運動のしくみについて，次の問いに答えなさい。　（各8点×4　**32**点）

(1) 次の文の〔　〕にあてはまることばを書きなさい。

筋肉が縮むという反応は，〔①　　　　　　〕や〔②　　　　　　〕から出された命令によって起こる。

(2) 次の文の〔　〕にあてはまることばを，下の{　}の中から選んで書きなさい。

ヒトが歩いたり，とび上がったりする運動ができるのは，〔①　　　　　　〕と，それを動かす〔②　　　　　　〕のはたらきによる。

{　筋肉　　内臓　　神経　　骨格　　皮膚　}

得点UPコーチ

1 (1)図の場合の反応では，手の皮膚が受けた刺激（しげき）の信号は，脳を経由していない。　(2)アとウは，脳が刺激の信号を判断して，運動の命令を出している。

2 (1)命令を出すことができるのは，中枢（ちゅうすう）神経だけである。

1 右の図は，ヒトの皮膚が刺激を受けとってから行動が起こるまでのしくみを表したものである。次の問いに答えなさい。　　((1)各4点×2，他各5点×6　**38**点)

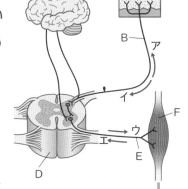

(1) B，Eの神経を，それぞれ何というか。

B〔　　　　　　　〕　E〔　　　　　　　　　　〕

(2) 皮膚のように刺激を受けとる器官を何というか。

〔　　　　　　　　　　〕

(3) 手で氷をさわったら，冷たかったので，氷から手をはなした。

① このとき，冷たいということはどこで感じたか。図中のA〜Fから選び，記号で答えなさい。　　　　　　　　　　　　　　　　〔　　　　　〕

② 手を氷からはなせという命令を出したのは，A〜Fのどこか。また，その部分の名称を答えなさい。　　　記号〔　　　　〕　名称〔　　　　　　　　〕

③ このとき，神経B，Eを伝わった信号の向きを，それぞれア〜エから選び，記号で答えなさい。　　　　　　　　　　B〔　　　　〕　E〔　　　　〕

2 右の図は，落ちてくるこん棒をうでを曲げてつかむときの，うでの骨格と筋肉のようす，および刺激と命令の伝達経路を模式的に表したものである。次の問いに答えなさい。

(各4点×3　**12**点)

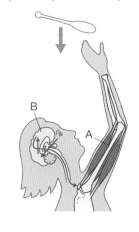

(1) Aの筋肉は，うでを曲げるとき，どうなるか。

〔　　　　　　　　　　〕

(2) 落ちてくるものはこん棒だと判断し，つかもうと命令を出すBの部分を何というか。　　　　〔　　　　　　　　〕

(3) 命令の信号を，うでの筋肉に伝える神経を何というか。　　　　〔　　　　　　　　〕

得点UP コーチ

1 (3)①，②刺激を受けとって感覚が生じたり，それをもとにして判断し，運動の命令を出したりするのは，脳である。

2 (1)Aの筋肉が縮むとうでが曲がる。
(3)運動を起こさせる命令を伝える神経である。

動物のからだと行動①

1 下の図は，熱いものに手がふれて，思わず手を引っこめるという反応と，その反応が起こるとき，刺激と命令の信号を伝える各神経の道筋を表したものである。次の問いに答えなさい。 （各8点×5 **40**点）

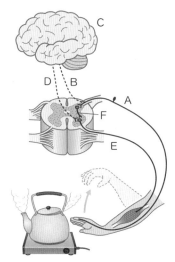

(1) このように，刺激に対して無意識に起こる反応を何というか。

〔　　　　　　　〕

(2) (1)の反応は，図中のどの神経を伝わって，手を引っこめる反応となったか。次のア～エから選び，記号で答えなさい。 〔　　　　〕

　ア　A→B→C→D→E　　　　イ　A→F→E

　ウ　E→D→C→B→A　　　　エ　E→F→A

(3) 図中の感覚器官につながっている神経A，筋肉につながっている神経Eをそれぞれ何というか。下の{ }の中から選んで書きなさい。

A〔　　　　　　　〕 E〔　　　　　　　〕

{ 中枢神経　　感覚神経　　運動神経 }

(4) 脳とせきずいをまとめて何というか。(3)の{ }の中から選んで書きなさい。

〔　　　　　　　〕

---

1 (1),(2)刺激に対して脳が命令を出す反応ではなく，脳が関係しない反応である。

(4)脳とせきずいをあわせて中枢神経という。

2 右の図は，ヒトの肺の一部を表したものである。次の問いに答えなさい。 (各7点×4 **28**点)

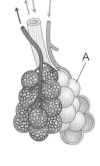

(1) ヒトが空気を吸いこむときの横隔膜（おうかくまく）とろっ骨の動きで正しいものを，次のア～エから選び，記号で答えなさい。 〔　　　〕

ア　横隔膜が上がり，同時にろっ骨が上がる。

イ　横隔膜が下がり，同時にろっ骨が上がる。

ウ　横隔膜が上がり，同時にろっ骨が下がる。

エ　横隔膜が下がり，同時にろっ骨が下がる。

(2) 図のAの袋（ふくろ）を何というか。 〔　　　〕

(3) Aの中の空気から，毛細血管の中の血液にとり入れられる物質は何か。 〔　　　〕

(4) 毛細血管の中の血液から，Aに出される物質は何か。 〔　　　〕

3 右の図は，ヒトの血液循環（じゅんかん）のようすを模式的に表したものである。次の問いに答えなさい。(各8点×4 **32**点)

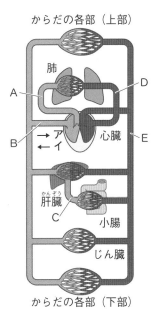

からだの各部（上部）

肺
A
D
B　→ア　心臓　E
　　←イ
肝臓（かんぞう）
C
小腸
じん臓

からだの各部（下部）

(1) 図中の血管Bを流れる血液は，ア，イのどちらの向きに流れているか。 〔　　　〕

(2) 養分を最も多くふくんだ血液が流れている血管は，A～Eのうちのどれか。記号で答えなさい。 〔　　　〕

(3) 血液中に酸素をとり入れる器官を何というか。 〔　　　〕

(4) 血液中にとり入れた酸素を運ぶ血液の成分は何か。下の{　}の中から選んで書きなさい。 〔　　　〕

{　赤血球　　白血球　　血小板　　血しょう　}

得点UPコーチ

2 (1)横隔膜とろっ骨の動きの向きは，逆である。肺を広げるように動く。

3 (1)Bは大静脈である。　(2)小腸で養分を吸収した血液は肝臓へ流れていく。

(4)赤血球の中のヘモグロビンが酸素を運ぶ。

動物のからだと行動②

1 右の図は，ヒトの心臓のつくりの模式図で，アは大静脈である。次の問いに答えなさい。 （各5点×8 **40**点）

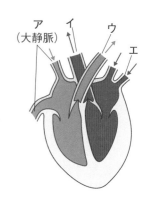

(1) ウの血管を何というか。 〔　　　　　〕

(2) エの血管を何というか。 〔　　　　　〕

(3) 血液が流れる道筋のうち，①心臓から肺を通り，再び心臓にもどる道筋，②心臓から全身の毛細血管を通り，再び心臓にもどる道筋をそれぞれ何というか。

①〔　　　　　〕 ②〔　　　　　〕

(4) ウを流れる血液中には少ないが，イを流れる血液中には多くふくまれている物質は何か。下の{ }の中から選んで書きなさい。 〔　　　　　〕

{ ブドウ糖　　アミノ酸　　酸素　　二酸化炭素 }

(5) ア・ウを流れる血液，イ・エを流れる血液をそれぞれ何というか。

ア・ウ〔　　　　　〕 イ・エ〔　　　　　〕

(6) 心臓や静脈には弁がある。その弁のはたらきについて述べた，次の文の〔　　〕にあてはまることばを書きなさい。（①，②の両方できて正解）

心臓や静脈にある弁は，〔①　　　　　〕の〔②　　　　　〕を防ぐはたらきをする。

2 右の図のように，うすいデンプン溶液を4本の試験管A～Dにとり，AとBにはだ液を，CとDには同量の水を加えて，40℃の湯につけて10分間放置した。この後，AとCにはヨウ素液を加え，BとDにはベネジクト液を加えて加熱し，それぞれの色の変化を調べた。次の問いに答えなさい。 （各7点×6 **42**点）

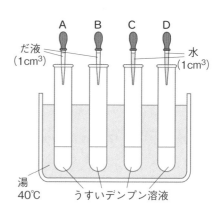

 1 (1)～(3)血液は，心臓の心房にもどってきて，心室から出ていく。イは大動脈で，肺を通ってきた血液が全身へ向かう血管である。ウは肺動脈で，全身からもどってきた血液が肺へ向かう血管である。

72

(1)　この実験で，試験管を40℃の湯につけた理由を，次のア～ウから選び，記号で答えなさい。　　　　　　　　　　　　　　　　　　　〔　　　　　〕

　ア　デンプン溶液をやわらかくするため。

　イ　だ液のはたらきをよくするため。

　ウ　ヨウ素液やベネジクト液のはたらきをよくするため。

(2)　AとCにヨウ素液を加えたとき，反応が見られたのはどちらか。また，そのときの色は何色か。　　　　　　　　記号〔　　　　〕　色〔　　　　　　〕

(3)　BとDにベネジクト液を加えて加熱したとき，反応が見られたのはどちらか。また，そのとき何色の沈殿ができるか。　記号〔　　　　〕　色〔　　　　　〕

(4)　この実験から，だ液にはどんなはたらきがあるといえるか。次のことばに続けて書きなさい。　　　　　だ液は，デンプンを〔　　　　　　　　　　　〕

❸　右の図は，ヒトのうでの筋肉と骨格を模式的に表したものである。次の問いに答えなさい。

（各6点×3　**18**点）

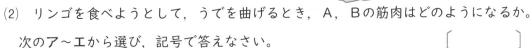

(1)　筋肉のはしXの部分を何というか。　　　　　〔　　　　　　〕

(2)　リンゴを食べようとして，うでを曲げるとき，A，Bの筋肉はどのようになるか。次のア～エから選び，記号で答えなさい。　　　　　　　〔　　　　〕

　ア　Aは縮み，Bはゆるむ。　　　イ　Aはゆるみ，Bは縮む。

　ウ　AもBもゆるむ。　　　　　　エ　AもBも縮む。

(3)　リンゴを食べようとして，うでを曲げる運動の命令は，どこで出されているか。下の{ }の中から選んで書きなさい。　　　〔　　　　　〕

{　筋肉　　運動神経　　脳　　せきずい　}

得点UPコーチ　**❷**(1)消化酵素は，体温に近い温度でよくはたらく。　(2)，(3)デンプンはヨウ素反応で青紫色に変化し，糖はベネジクト反応で赤かっ色の沈殿ができる。　**❸**(1)関節とまちがえないように注意する。関節は骨と骨のつなぎ目である。

❶ 右の図は，2種類のホニュウ類の頭骨を表している。次の問いに答えなさい。

(各6点×3 **18**点)

(1) A，Bの動物を食物で分けるとき，A
とBが属するのは，それぞれ何動物か。

A〔　　　　　　　　〕

B〔　　　　　　　　〕

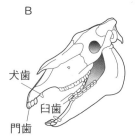

A　　　　　　　　B

門歯
犬歯
臼歯

犬歯
臼歯
門歯

(2) A，Bの動物の消化管の長さを比べる
と，AとBでとても差があった。この差
は食物のちがいが原因と考えられる。長い消化管をもつのは，A，Bのどちらか。

〔　　　　　　　　〕

❷ 右の図は，目の断面を模式的に表したものである。
次の問いに答えなさい。　　　(各6点×6 **36**点)

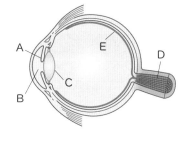

(1) 図のA～Eのうち，目に入る光の量を調節する部分
はどれか。記号で答え，名称も答えなさい。

記号〔　　　　〕　名称〔　　　　　　　　〕

(2) (1)のはたらきによって，明るいところから暗いところに入ると，ひとみの大きさ
は大きくなるか，小さくなるか。　　　　　　〔　　　　　　　　〕

(3) 図のA～Eのうち，光を刺激として受けとる細胞がある部分はどれか。記号で答
え，名称も答えなさい。

記号〔　　　　〕　名称〔　　　　　　　　〕

(4) 目で受けとった刺激の信号は，感覚神経によってどこに伝えられるか。

〔　　　　　　　　〕

❸ だ液によるデンプンの分解について，実験❶～❸を行った。次の問いに答えなさ
い。

(各6点×3 **18**点)

〔実験〕❶　デンプン溶液を，２本の試験管Ａ，Ｂに

それぞれ同量ずつ入れた。Ａには水でうすめた

だ液，Ｂにはだ液と同量の水を加え，図１のよ

うに，約40℃の湯につけた。

図1

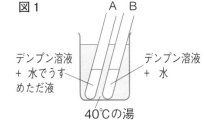

デンプン溶液
+ 水でうす
めただ液

デンプン溶液
+ 水

40℃の湯

❷　約10分後，試験管Ａ，Ｂから少量の溶液をと

り，それぞれヨウ素液を加えて反応を調べた。

図2

❸　試験管Ａ，Ｂの残りの溶液に，それぞれベネ

ジクト液を加え，図２のように加熱して反応を

調べた。

(1)　❷の結果，Ｂは溶液の色が変化し，Ａの溶液は変化がなかった。Ｂの溶液の色は

何色に変化したか。　　　　　　　　　　　　　　　　　　　〔　　　　　　　　〕

(2)　❸の結果，Ａの溶液は赤かっ色の沈殿ができ，Ｂの溶液には変化がなかった。赤

かっ色の沈殿ができたのは，Ａの溶液中に何が生じたためか。

〔　　　　　　　　〕

(3)　だ液のような消化液にふくまれていて，食物中の養分を分解するものを何という

か。　　　　　　　　　　　　　　　　　　　　　　　　　　〔　　　　　　　　〕

4　右の図は，血液を顕微鏡で観察したときのスケッチである。次の問いに答えなさ

い。　　　　　　　　　　　　　　（各７点×４　**28**点）

(1)　図中のＤで示される血液の成分を何というか。

〔　　　　　　　　〕

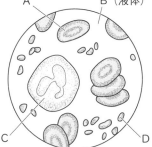

A　　　　　　B（液体）

C　　　　　　D

(2)　図中のＡには，赤い物質がふくまれている。何とい

う物質か。　　　　　　〔　　　　　　　　〕

(3)　図中のＡ～Ｄの血液の成分のうち，体内に侵入した

細菌をとらえるはたらきをするものはどれか。記号で答えなさい。　〔　　　　　　　〕

(4)　Ａ～Ｄのうち，出血した血液を固めるものはどれか。記号で答えなさい。

〔　　　　　　　　〕

定期テスト 対策 問題(4) ✏️

① 図1は，ヒトが全身の細胞の中でエネルギーをとり出すしくみをまとめたものである。次の問いに答えなさい。　(各6点×6　36点)

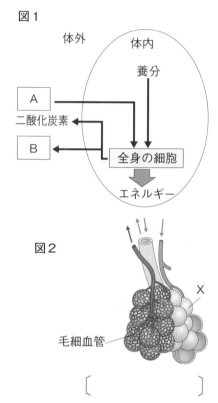

図1

(1) 図1のA，Bにあてはまる物質はそれぞれ何か。

A〔　　　　　　〕 B〔　　　　　　〕

(2) 養分やAは，何によって全身の細胞に運ばれるか。〔　　　　　　〕

(3) このようにエネルギーをとり出すはたらきは，運動前と運動後では，どちらのほうが活発に行われるか。〔　　　　　　〕

図2

(4) 図1のAや二酸化炭素は，肺によって出し入れされる。図2は，肺の中の一部を拡大したものである。Xの部分を何というか。

〔　　　　　　〕

(5) 肺の中が図2のXのようなつくりになっているのは，どのようなことに都合がよいからか。簡単に答えなさい。

〔　　　　　　　　　　　　　　　　　〕

② 右の図は，ヒトの排出系の一部を表したものである。次の問いに答えなさい。　(各5点×3　15点)

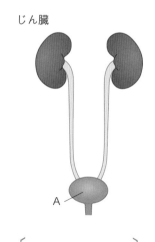

じん臓

(1) タンパク質の分解の際に生じたアンモニアは，無害な物質につくり変えられる。つくり変えられた物質を何というか。〔　　　　　　〕

(2) アンモニアを(1)の物質につくり変えるのは何という器官か。〔　　　　　　〕

(3) (1)を体外に出すためにためておく器官Aを何というか。

〔　　　　　　〕

3 ヒトのからだには，外界からのいろいろな刺激を受けとる器官がある。次の①〜⑤のはたらきをする感覚器官はそれぞれ何か。器官名を答えなさい。

(各5点×5　**25**点)

① 本を読むとき，文字を光の刺激として受けとる。

〔　　　　　　〕

② アイスクリームを食べるとき，味を刺激として受けとる。

〔　　　　　　〕

③ 音楽を聞くとき，音を刺激として受けとる。

〔　　　　　　〕

④ 花のにおいをかぐとき，空気中を伝わってくるにおいを刺激として受けとる。

〔　　　　　　〕

⑤ 氷にふれるとき，冷たさを刺激として受けとる。　〔　　　　　　〕

4 右の図は，ヒトの血液の循環を模式的に表したものである。次の問いに答えなさい。　(各6点×4　**24**点)

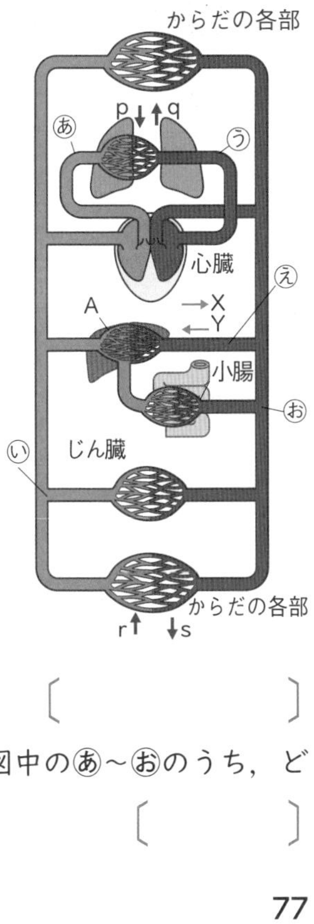

(1) 血管えを流れる血液は，X，Yのどちらの向きに流れているか。　〔　　　　　〕

(2) 図のp〜sの矢印は，肺およびからだの各部の毛細血管の壁を通して，酸素と二酸化炭素が出入りする向きを表している。酸素の出入りを表す矢印の組み合わせとして正しいものを，次のア〜エから選び，記号で答えなさい。

〔　　　　　〕

ア　pとr　　イ　pとs　　ウ　qとr　　エ　qとs

(3) 小腸で吸収された養分は，器官Aに運ばれて一時的にたくわえられる。器官Aを何というか。　〔　　　　　　〕

(4) 二酸化炭素を最も多くふくむ血液が流れている動脈は，図中のあ〜おのうち，どれか。記号で答えなさい。　〔　　　　　〕

77

定期テスト対策問題(5)

1 右の図は，ヒトの神経系について表したものである。次の問いに答えなさい。 (各5点×5) **25**点

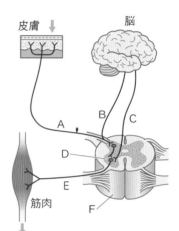

皮膚

脳

筋肉

(1) Fの部分を何というか。下の{ }の中から選んで書きなさい。〔　　　　　　〕

{ せきずい　　けん　　神経細胞 }

(2) Eの神経を何というか。〔　　　　　　〕

(3) 「カにさされてかゆいので，手でかいた。」というときの刺激が伝わって反応が起こる経路を，次のア～ウから選び，記号で答えなさい。〔　　　　　〕

ア　皮膚 → A → B → 脳 → C → E → 筋肉

イ　皮膚 → A → D → C → B → E → 筋肉

ウ　皮膚 → A → D → E → 筋肉

(4) 「熱いものにさわって，思わず手を引っこめた。」というときの刺激が伝わって反応が起こる経路を，(3)のア～ウから選び，記号で答えなさい。〔　　　〕

(5) (4)のように，刺激に対して意識とは関係なく起こる反応のことを何というか。〔　　　　　〕

2 右の図は，養分を吸収する柔毛の断面図である。次の問いに答えなさい。 (各6点×4) **24**点

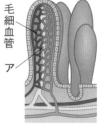

毛細血管

ア

(1) 柔毛を内側にもつ器官を，下の{ }の中から選んで書きなさい。〔　　　　　〕

{ 胃　　小腸　　大腸　　すい臓 }

(2) 柔毛の中にある管アを何というか。〔　　　　　〕

(3) 柔毛の中にある毛細血管に吸収される物質を，下の{ }の中から2つ選んで書きなさい。〔　　　〕〔　　　〕

{ ブドウ糖　　脂肪酸　　モノグリセリド　　アミノ酸 }

3 右の図は，ヒトの循環系を模式的に示したものである。

次の問いに答えなさい。 （各4点×9 **36**点）

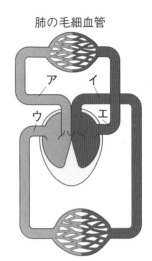

肺の毛細血管

全身の毛細血管

(1) 図のアの血管は，心臓から肺に血液を送る血管である。

この血管を何というか。 〔　　　　　　　　　　〕

(2) 図のエの血管は，肺から心臓にもどる血液が通る血管

である。この血管を何というか。

〔　　　　　　　　　　〕

(3) (1)の血管を流れる血液に多くふくまれる気体は何か。

〔　　　　　　　　　　〕

(4) 図中のア〜エの血管のうち，酸素の多い血液が流れて

いるのはどれとどれか。 〔　　　と　　　〕

(5) 血液の流れを，図中のア〜エの記号を用いて表すと，次のようになる。①〜④に

あてはまる記号をそれぞれ答えなさい。

全身 → ① → 心臓 → ② → 肺 → ③ → 心臓 → ④

①〔　　　　　〕 ②〔　　　　　〕 ③〔　　　　　〕 ④〔　　　　　〕

(6) 心臓や静脈には弁がついている。これはどのようなはたらきをするか。簡単に書

きなさい。 〔　　　　　　　　　　　　　　　　〕

4 右の図は，ヒトのうでの骨格と筋肉を示したもので

ある。次の問いに答えなさい。 （各5点×3 **15**点）

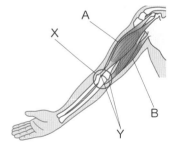

(1) 図のXの骨と骨のつなぎ目を何というか。

〔　　　　　　　　〕

(2) 図のYの筋肉が骨についている部分を何というか。

〔　　　　　　　　〕

(3) 図の状態からうでを曲げるとき，縮むのはA，Bのどちらの筋肉か。

〔　　　　　　　　〕

復習 小学校で学習した「天気と気温」

1 天気と気温

① **天気と気温の変化** 晴れの日の気温は，朝夕は低く，正午過ぎに高くなり，1日の変化は大きい。くもりや雨の日の気温は，1日の中であまり変化しない。

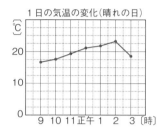
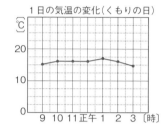
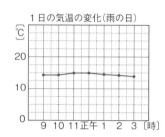

② **気温のはかり方** 「気温」とは，次のようにしてはかった空気の温度のこと。

・温度計に，直接日光が当たらないようにする。

・建物からはなれた，風通しのよいところではかる。

・温度計を，地面から1.2m〜1.5mの高さにしてはかる。

③ **百葉箱** 気温などをはかるときの条件に合わせて作られていて，中には自記記録計などが入っている。

▲百葉箱

2 天気の変化

① **春や秋の日本付近の天気の変化** 春や秋，日本付近では，雲はおよそ西から東へ動く。天気も雲の動きにつれて，西のほうから変わってくることが多い。

② **天気の決め方(晴れとくもり)** 空全体の雲の量で決める。空全体を10としたとき，雲の量が0〜8のときは「晴れ」，9〜10のときは「くもり」とする。

③ **雲の種類と天気** 雲にはいろいろな種類があり，雨を降らせる雲と，降らせない雲がある。1日のうちでも，雲の形や量が変わると，天気も変わる。

例 雨を降らせる雲…乱層雲(雨雲)，積乱雲(入道雲，かみなり雲)

雨を降らせない雲…積雲(わた雲)，巻雲(すじ雲)

④ **台風** 台風は，夏から秋にかけて，日本付近を通過したり，日本に上陸したりすることもある。台風が動くにつれて，雨が強く降る地域も移り変わっていく。

●台風の進路…日本の南のほうで発生し，はじめは西のほうへ動くが，やがて北や東のほうへ動く。

1 下の図は，晴れの日と雨の日の1日の気温の変化を調べたものである。次の問いに答えなさい。

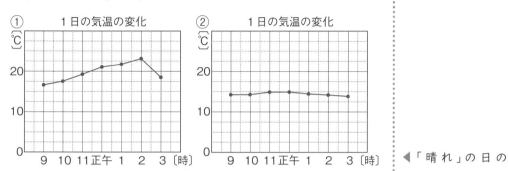

思い出そう

◀「晴れ」の日の1日の気温の変化は大きく，「雨」の日の1日の気温の変化は小さい。

(1) ①，②の天気は，それぞれ「晴れ」，「雨」のどちらか。

①〔　　　　　　〕　②〔　　　　　　〕

(2) 晴れの日に，気温が最も高くなったのはいつごろか。次のア〜エから選び，記号で答えなさい。　〔　　　　　〕

ア　朝　　　　イ　正午過ぎ

ウ　夕方　　　エ　あまり変化しなかった。

◀晴れの日は，気温は明け方が最も低く，正午過ぎに最も高くなる。

2 次の文は，春や秋の日本付近の天気の変化について書いたものである。〔　　〕にあてはまる方位を書きなさい。

(1) 春や秋，日本付近では，雲はおよそ〔①　　　　　　〕から，〔②　　　　　　〕へ動く。

(2) 天気も，雲の動きにつれて，〔　　　　　　〕のほうから変わってくることが多い。

◀日本付近の天気は西から東に変わっていく。

3 1日の天気の変化について正しいものを，次のア〜ウから選び，記号で答えなさい。　〔　　　　　〕

ア　天気が変わるのは，太陽の見える位置が変わるからである。

イ　天気が変わるのは，雲の形や量が変わるからである。

ウ　1日のうちで天気が変わることはない。

◀天気は空全体の雲の量で決める。

7章 気象観測と天気 -1

1 気象要素

① **雲量と天気**　雲量(空全体を10としたときの雲がしめる割合)によって，快晴(雲の量0～1割)，晴れ(雲の量2～8割)，くもり(雲の量9～10割)の区別をする。

② **気圧**　アネロイド気圧計等で測定する。単位はヘクトパスカル(hPa)を用いる。

③ **気温**　地上から約1.5mの高さの風通しのよい日かげで測定する。
　└→単位は℃。

④ **湿度**　空気の湿りぐあいを百分率(単位は%)で表す。

● **乾湿計**…乾球温度計と，球部を水で湿らせた布で包んだ湿球温度計からなる。乾湿計の乾球温度計の示す温度は，気温である。

● **湿度表の読み方**…乾球の示度－湿球の示度(乾湿球の差)が大きいほど，湿度が低い。

	乾球の示度－湿球の示度〔℃〕				
		0.0	0.5	1.0	1.5	2.0
乾球の示度〔℃〕	15	100	94	89	84	78
	14	100	94	89	83	78
	13	100	94	88	82	77
	12	100	94	88	82	76
	11	100	94	87	81	75

例　乾球温度計が11.0℃で，湿球温度計が9.0℃を示すとき，湿度表で乾球温度計の示度が11の行と，乾球温度計と湿球温度計の示度の差が2.0の列との交点の値を読みとる。この場合の湿度は75%である。

⑤ **風向・風力**　風がふいてくる方向(風向)とその強さ(風力)を観測する。
　└→ふつう，風向風速計ではかる。

● **風向**…16方位に分けて表す。

● **風力**…風速をもとにして，13階級に分けて表す。
　└→0～12まである。

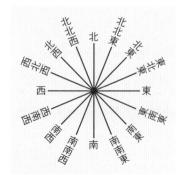

▲風向(16方位)

天気記号

天気	記号
快晴	◯
晴れ	◑
くもり	◎
雨	●
雪	⊗

風向

下の図のように，風が東から西へ向かってふいているとき，「東の風」という。

西　　　　東

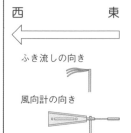

ふき流しの向き

風向計の向き

基本
チェック

左の「学習の要点」を見て答えましょう。

① 天気について，次の問いに答えなさい。　　　　　　　　　　　チェック　P.82①

(1) 空全体を10としたときの雲がしめる割合を何というか。　〔　　　　　　　〕

(2) 次の①～③のときの天気は何か。下の{ }の中から選んで書きなさい。

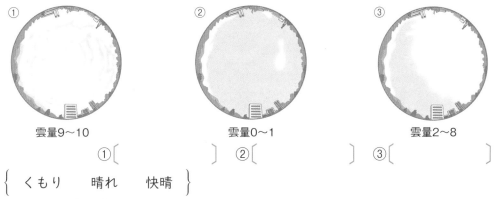

雲量9～10　　　　　　　　　雲量0～1　　　　　　　　　雲量2～8

①〔　　　　　　〕　②〔　　　　　　〕　③〔　　　　　　〕

{ くもり　　晴れ　　快晴 }

(3) 次の文の〔　　〕にあてはまることばや数を書きなさい。

・風がふいてくる方向を〔①　　　　　　〕といい，〔②　　　　　　〕方位に分けて表す。

・風の強さを〔③　　　　　　〕といい，風速をもとにして〔④　　　　　　〕階級に分けて表す。

② 湿度について，次の問いに答えなさい。　　　　　　　　　　　チェック　P.82①

(1) 空気の湿りぐあいを百分率で表したものを何というか。　〔　　　　　　　〕

(2) 乾湿計で，乾球温度計と湿球温度計のどちらが示す温度が気温を表すか。

〔　　　　　　　　　　〕

(3) 乾球温度計の示度と湿球温度計の示度の差が大きいほど，湿度は高いか，低いか。　〔　　　　　　〕

(4) 乾球温度計が12.0℃，湿球温度計が10.5℃のときの湿度を，右の湿度表を使って求めなさい。

〔　　　　　　　〕

	乾球の示度－湿球の示度〔℃〕						
	0.0	0.5	1.0	1.5	2.0	2.5	3.0
15	100	94	89	84	78	73	68
14	100	94	89	83	78	72	67
13	100	94	88	82	77	71	66
12	100	94	88	82	76	70	65
11	100	94	87	81	75	69	63
10	100	93	87	80	74	68	62
9	100	93	86	80	73	67	60

乾球の示度〔℃〕

7章 気象観測と天気 −2

❷ 圧力と大気圧（気圧）

① **圧力** 1 m²あたりの面を垂直におす力の大きさ。

② **圧力の求め方** 圧力〔Pa〕＝ $\dfrac{面を垂直におす力〔N〕}{力がはたらく面積〔m^2〕}$

● **物体の置き方と圧力**

接する面積が小さいと，へこみ方が大きい。
→圧力が大きい。

接する面積が大きいと，へこみ方が小さい。
→圧力が小さい。

③ **大気** 地球の表面をおおっている空気の層。

④ **大気圧（気圧）** 空気の重さ（空気にはたらく重力）によって生じる圧力。

● **大気圧の大きさ**…空気の層の厚さによって決まり，上空にいくほど空気の層はうすくなり，気圧は低くなる。

1 気圧

海面

● **大気圧の向き**…あらゆる向きから物体に垂直にはたらく。

❸ 天気の変わり方

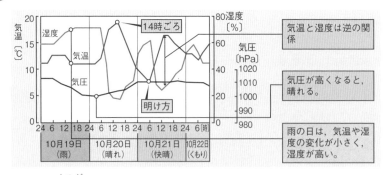

気温と湿度は逆の関係

気圧が高くなると，晴れる。

雨の日は，気温や湿度の変化が小さく，湿度が高い。

① **気温と湿度の変化** 晴れの日は，気温が上がると湿度が下がり，気温が下がると湿度が上がる。くもりや雨の日は，気温や湿度の変化が小さく，湿度が高い。

② **天気と気圧の変化** 天気は，気圧が低くなるとくもりや雨になり，気圧が高くなると晴れになる。

✦ 覚えると得 ✦

圧力の単位
パスカル（Pa）またはニュートン毎平方メートル（N/m²）。
1 Pa＝1 N/m²である。

海面上での大気圧
海面と同じ高さでは，約1013hPa（101300Pa）で，これを1気圧という（1hPa＝100Pa）。
1気圧の大きさは，1 cm²の面に1 kgの物体をのせた圧力（10N/cm²）にほぼ等しい。

1日の気温の変化
晴れの日は，日の出とともに上昇し，14時ごろ最も高くなる。その後しだいに下がり，翌日の明け方に最も低くなる。

重要 テストに出る
● 気圧が低くなるとくもりや雨になり，気圧が高くなると晴れになる。

基本チェック

左の「学習の要点」を見て答えましょう。

③ 圧力や大気圧について，次の文の〔　　〕にあてはまることばや数字を書きなさい。

チェック P.82 ❶, P.84 ❷

- 1 m² あたりの面を垂直におす力の大きさを〔① 　　　　〕という。

- ①は，次の式で求められる。

$$① = \frac{\left[② \qquad\qquad \right]}{\left[③ \qquad\qquad \right]}$$

- 圧力の単位には，〔④ 　　　　〕（記号：〔⑤ 　　　　〕）または，
〔⑥ 　　　　　　　　〕（記号：〔⑦ 　　　　〕）が用いられる。

- 8 N の力が，面積 2 m² の面にはたらくとき，その面にはたらく圧力は，
〔⑧ 　　　〕Pa である。

- 地球の表面をおおっている空気の層を〔⑨ 　　　　〕という。

- 空気の重さによって生じる圧力を〔⑩ 　　　　〕という。

- ⑩の単位には，ヘクトパスカル（記号：〔⑪ 　　　　〕）を用いる。1hPa は
〔⑫ 　　　〕Pa である。

- ⑩の大きさは，空気の層の厚さによって決まり，上空にいくほど〔⑬ 　　　〕なる。

- ⑩の大きさは，海面と同じ高さでは約〔⑭ 　　　〕hPa で，これを〔⑮ 　　　〕
気圧という。

④ 天気の変わり方について，次の文の〔　　〕にあてはまることばを書きなさい。

チェック P.84 ❸

- 1 日の気温は，晴れの日は，日の出とともに上昇し，14時ごろ最も〔① 　　　　〕
なる。その後しだいに下がり，翌日の明け方に最も〔② 　　　　〕なる。

- 晴れの日は，気温が上がると湿度は〔③ 　　　　〕，気温が下がると湿度は
〔④ 　　　　〕。くもりや雨の日は，気温や湿度の変化が〔⑤ 　　　　〕，
湿度が〔⑥ 　　　　〕。

- 天気は，気圧が低くなるとくもりや〔⑦ 　　　　〕になり，気圧が高くなると
〔⑧ 　　　　〕になる。

7章 気象観測と天気

1 空全体を10としたときの雲がしめる割合を雲量という。例えば，空全体の5割を雲がおおっているときの雲量は5である。右の表は，雲量と天気を示している。次の問いに答えなさい。

雲量	0〜1	2〜8	9〜10
天気	快晴	晴れ	くもり
記号	○	◐	◎

《 チェック P.82 ❶ (各6点×3 **18**点)

(1) 右の図は，空を撮影（さつえい）した写真をスケッチしたものである。

① 雲量はいくつか。次の{ }の中からあてはまる数を選んで書きなさい。 { 1　3　5 } 〔　　　　　〕

② 天気を天気記号でかきなさい。 〔　　　　　〕

(2) 雲量が7のときの天気を，天気記号でかきなさい。 〔　　　　　〕

2 右の図は，16方位の中心に置いたふき流しのようすを表している。それぞれの風向を書きなさい。 (各6点×2 **12**点)

《 チェック P.82 ❶

①〔　　　　　〕

②〔　　　　　〕

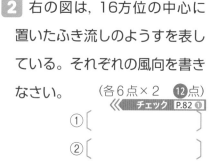
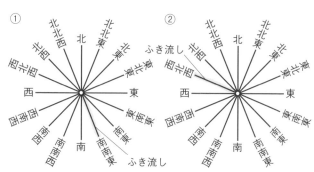

3 右の表は湿度（しつど）表の一部である。例えば，乾球（かんきゅう）温度計の温度（示度）が14.0℃で，湿球（しっきゅう）温度計の示度が12.0℃のとき，2つの温度計の示度の差は2.0℃で，湿度は78%である。次の問いに答えなさい。 (各7点×2 **14**点)

《 チェック P.82 ❶

乾球〔℃〕	乾球の示度−湿球の示度〔℃〕				
	0	1	2	3	4
14	100	89	78	67	57
13	100	88	77	66	55
12	100	88	76	65	53
11	100	87	75	63	52
10	100	87	74	62	50

(1) 乾球温度計の示度が12.0℃で，湿球温度計の示度が11.0℃のとき，湿度は何%か。 〔　　　　　〕

(2) 乾球温度計の示度が13.0℃で，湿球温度計の示度が9.0℃のとき，湿度は何%か。 〔　　　　　〕

4 スプレーの空き缶の質量をはかったところ，91.8g

であった。次に，右の図のように，缶に空気をつめてから，

缶全体の質量をはかったところ，93.0gであった。次の

問いに答えなさい。　　　　　　　　（各7点×3 **21**点）

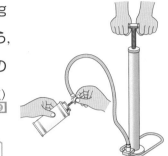

《 **チェック** P.84 **②**

(1) スプレーの空き缶につめられた空気の質量は何gか。

〔　　　　　　　　〕

(2) このように，空気には重さがある。空気にはたらく重力によって生じる圧力を何

というか。　　　　　　　　　　　　　　　　　　　　　　〔　　　　　　　　〕

(3) (2)の圧力は，上空にいくほど高くなるか，低くなるか。　〔　　　　　　　　〕

5 右のグラフは，快晴の日の1日の気温

と湿度の変化を表している。次の問いに

答えなさい。

《 **チェック** P.84 **③**（各7点×3 **21**点）

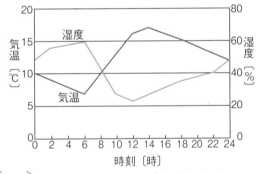

(1) 気温が最も高くなるのは，何時ごろか。

〔　　　　　　　　〕

(2) 気温と湿度の変化について，次の文の〔　　〕にあてはまることばを書きなさい。

晴れの日は，気温が上がると湿度が〔① 　　　　　　　　〕，気温が下がると湿度が

〔② 　　　　　　　　〕。

6 右のグラフは，晴れの日と雨の日の気温と湿度，気圧の変化を表している。次の

問いに答えなさい。

《 **チェック** P.84 **⑤**（各7点×2 **14**点）

(1) 気温と湿度の変化が小さいのは，

晴れの日，雨の日のどちらか。

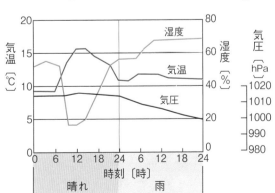

〔　　　　　　　　〕

(2) 気圧が低くなると，天気はくもり

や雨になるか，晴れになるか。

〔　　　　　　　　〕

1 下の図は，空全体を撮影（さつえい）した写真をスケッチしたものである。次の問いに答えなさい。

(各6点×6 **36**点)

①

②

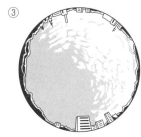
③

(1) ①〜③で，それぞれの雲の量は空全体の何割ぐらいあるか。下の{　}の中から選んで書きなさい。

①〔　　　　　〕　②〔　　　　　〕　③〔　　　　　〕

{　1割　　5割　　9割　}

(2) ①〜③の天気の天気記号を，下の{　}の中から選んでかきなさい。

①〔　　　　　〕　②〔　　　　　〕　③〔　　　　　〕

{　○　　◐　　◎　　●　}

2 右の図のように，少し空気を入れた簡易真空容器（真空調理器）の中に，口を閉じた風船を入れ，空気による圧力について調べた。次の問いに答えなさい。

(各6点×3 **18**点)

(1) 簡易真空容器の空気をぬくと，容器内の圧力と風船内の圧力では，どちらが大きくなるか。〔　　　　　　　　〕

(2) (1)のとき，容器内の風船はふくらむか，しぼむか。

〔　　　　　　　　〕

(3) (1)の後，容器のふたを開けて空気を入れると，風船はどうなるか。

〔　　　　　　　　〕

得点UP コーチ

1 雲量が0〜1のとき快晴（○），2〜8のとき晴れ（◐），9〜10のときくもり（◎）になる。

2 (1)，(2)容器内の空気をぬくと圧力は小さくなり，風船内の圧力のほうが大きくなるので，風船がふくらむ。

3 乾湿計を用いて温度をはかると，下の図のようになった。右の表は湿度表の一部である。次の問いに答えなさい。 （各6点×3　**18**点）

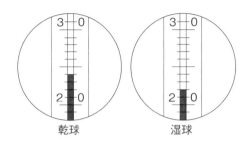

		乾球と湿球の示度の差〔℃〕					
		0.0	1.0	2.0	3.0	4.0	5.0
乾球の示度〔℃〕	25	100	92	84	76	68	61
	24	100	91	83	75	68	60
	23	100	91	83	75	67	59
	22	100	91	82	74	66	58
	21	100	91	82	73	65	57

(1) このときの気温は何℃か。　　　　　　　　　　　　　〔　　　　　　　〕

(2) 湿度は何%か。　　　　　　　　　　　　　　　　　　〔　　　　　　　〕

(3) 乾湿計の乾球と湿球の示度が等しいとき，湿度は何%か。〔　　　　　　　〕

4 右のグラフは，9月15日から9月17日の3日間の気温と湿度の変化を表している。次の問いに答えなさい。

（各7点×4　**28**点）

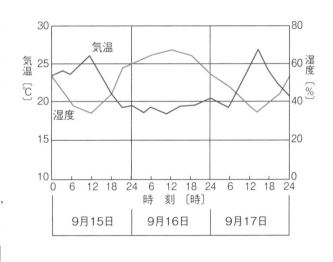

(1) 気温と湿度の変化のようすから，9月17日の天気は，くもり，雨，晴れのうち，何と考えられるか。　〔　　　　　　　〕

(2) 晴れた日の最高気温，最低気温はいつごろになるか。下の{ }の中から選んで書きなさい。　　　　　　　　　最高〔　　　　　　　〕　最低〔　　　　　　　〕

{　明け方　　正午過ぎ　　夕方　　真夜中　}

(3) 1日の湿度の変化が小さいのは，晴れの日と雨の日のどちらか。〔　　　　　　　〕

得点**UP**コーチ

3 (1)気温は，乾球温度計の示度である。
(2)乾球が24℃，湿球が22℃，乾湿計の示度の差は2℃である。

4 (1)晴れた日の温度と湿度の変化は大きくなる。　(2)最低気温になるのは，真夜中ではない。

7章 気象観測と天気

1 右の図は，空全体を撮影した写真をスケッチしたものである。それぞれの天気を天気記号でかきなさい。

①

②

③

（各5点×3　**15**点）

① 〔　　　　　〕　② 〔　　　　　〕　③ 〔　　　　　〕

2 右の図は，16方位の中心に置いたふき流しのようすを表している。次の問いに答えなさい。

（各5点×3　**15**点）

(1) 風向（風がふいてくる方向）を書きなさい。

〔　　　　　　　〕

(2) 図のア，イの方位を書きなさい。　ア〔　　　　　　　〕

イ〔　　　　　　　〕

3 右の表は湿度表の一部である。次の問いに答えなさい。

（各5点×2　**10**点）

(1) 乾球温度計の示度が14.0℃で，湿球温度計の示度が11.0℃のとき，湿度は何％か。

〔　　　　　　　〕

(2) 乾球と湿球の示度の差が大きいほど，湿度は高いか，低いか。

〔　　　　　　　〕

乾球 〔℃〕	乾球と湿球の示度の差〔℃〕				
	0	1	2	3	4
15	100	89	78	68	58
14	100	89	78	67	57
13	100	88	77	66	55
12	100	88	76	65	53

得点UP コーチ

1 ①〜③の雲量は，それぞれおよそ，5，1，9である。

2 (1)風は，東北東から西南西へふいている。　(2)アは北と北西の間で，イは東と南東の間である。

3 (1)乾球と湿球の差は（14.0−11.0）℃。

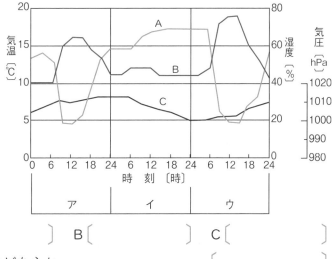

4 右のグラフは，晴れの日と雨の日の気温と湿度，気圧の変化を表している。次の問いに答えなさい。

(各6点×7 **42**点)

(1) グラフのA〜Cは，それぞれ，気温，湿度，気圧のどれを表しているか。

A〔　　　〕 B〔　　　〕 C〔　　　〕

(2) イは，晴れの日，雨の日のどちらか。 〔　　　　　〕

(3) 天気と気温，湿度について，次の文の〔　　〕にあてはまることばを書きなさい。
晴れの日は，気温と湿度の変化が〔①　　　　　〕，雨の日は，気温と湿度の変化が〔②　　　　　〕，湿度が〔③　　　　　〕。

5 空気にも重さがあり，空気による圧力が生じている。このことを確かめるために，右の図のように，ペットボトルに簡易ポンプをつけて空気をぬいてみた。すると，ペットボトルはつぶれた。次の問いに答えなさい。

(各6点×3 **18**点)

(1) ペットボトル内の空気をぬいたとき，ペットボトルの中の圧力の大きさは，どうなるか。 〔　　　　　〕

(2) ペットボトルは，外側からはたらいている空気による圧力でつぶれたと考えられる。この空気による圧力を何というか。 〔　　　　　〕

(3) ペットボトルには，空気による圧力が，あらゆる向きからはたらいているか，はたらいていないか。 〔　　　　　〕

4 (1)晴れの日は，気温の変化が大きく，正午過ぎに気温は最も高くなる。湿度は，気温と逆の関係にある。また，気圧が低くなると，くもりや雨になる。

8章 空気中の水蒸気と雲 -1

❶ 空気中にふくまれる水蒸気

① 飽和水蒸気量　1 m³
の空気中にふくむこと
└▶ふくむことができる水蒸気
ができる水蒸気の最大
の量には限度がある。
の量（質量）。

● 気温と飽和水蒸気量

…気温が高いほど，

飽和水蒸気量は大きくなる。

② 露点　空気中の水蒸気が水滴に変わり始める，つまり，水蒸
気が凝結し始めるときの温度。

例　気温30℃で，23.1gの水蒸
気をふくむ1 m³の空気（図の
Ⓐ）を冷やして，25℃にすると，
水蒸気量は，25℃の飽和水蒸
└▶23.1g
気量と等しくなる（図のⒷ）。
このときの25℃がその空気
の露点になる。さらに温度を下げて20℃にすると（図のⒸ），
23.1g－17.3g＝5.8gが水滴になる。
└▶20℃の飽和水蒸気量

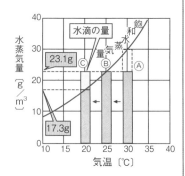

❷ 湿度

$$湿度〔\%〕＝\frac{1 m³の空気中にふくまれている水蒸気量〔g/m³〕}{その空気と同じ温度での飽和水蒸気量〔g/m³〕}×100$$

例　気温が22.5℃で，1 m³あたり12gの水蒸気をふくむ空気が
ある。22.5℃での飽和水蒸気量が20g/m³のとき，この空気の
湿度は何％か。

$$湿度＝\frac{ふくまれている水蒸気量}{22.5℃での飽和水蒸気量}×100＝\frac{12g/m³}{20g/m³}×100$$

＝60%

答　60%

✦ 覚えると得 ✦

飽和
限度まで水蒸気をふ
くんだ空気は，水蒸
気で飽和していると
いう。

凝結
気体の状態にある物
質（水蒸気）が，液体
（水）に状態変化する
現象。

⚠ ミスに注意

○露点は，空気中に
ふくまれる水蒸気量
で決まる。

重要 テストに出る

● 露点
空気中の水蒸気量が，
飽和に達したときの
温度。

① 空気中にふくまれる水蒸気について，次の文の〔　〕にあてはまることばを書きなさい。

《 チェック P.92 ❶

- 1m³の空気中にふくむことができる水蒸気の最大の量を〔①　　　　　　〕という。
- 水蒸気が凝結し始めるときの温度を〔②　　　　　　〕という。

② 右の表は，1m³の空気中にふくむことができる水蒸気量の

気温〔℃〕	5	10	15	20	25	30
飽和水蒸気量〔g/m³〕	6.8	9.4	12.8	17.3	23.1	30.4

限度(飽和水蒸気量)を示している。次の問いに答えなさい。

《 チェック P.92 ❶

(1) 気温が高くなるほど，飽和水蒸気量は大きくなるか，小さくなるか。

〔　　　　　　　　　　〕

(2) 飽和水蒸気量が小さいときの気温は，大きいときの気温と比べて，高いか，低いか。

〔　　　　　　　　　　〕

③ 湿度について，次の問いに答えなさい。

《 チェック P.92 ❷

(1) 湿度を求める式の〔　〕にあてはまることばを書きなさい。

$$湿度〔\%〕＝\frac{1m³の空気中にふくまれている水蒸気量〔g/m³〕}{その空気と同じ〔　　　　　　〕での飽和水蒸気量〔g/m³〕}×100$$

(2) 次の①～③の湿度は何%か。ただし，飽和水蒸気量は②の表を使い，答えは小数第1位を四捨五入して，整数で答えなさい。

① 気温25℃，1m³あたり20gの水蒸気をふくむ空気。

〔　　　　　　〕

② 気温15℃，1m³あたり12.8gの水蒸気をふくむ空気。

〔　　　　　　〕

③ 気温10℃，1m³あたり5.4gの水蒸気をふくむ空気。

〔　　　　　　〕

8章 空気中の水蒸気と雲 -2

③ 雲や霧のでき方と降水

① **雲** 水滴や氷の粒が上空に浮かんだもの。

② **雲のでき方** 雲は，空気のかたまりが，上昇する空気の流れ（上昇気流）によって上昇して膨張し，温度（気温）が下がり，露点以下の温度になると，水蒸気の一部が水滴や氷の粒になってできる。

> └→上空ほど気圧が低いので，空気は膨張する。

③ **雲をつくる実験** 右の図のように，ピストンをすばやく引くと，フラスコ内が白くくもる。➡空気が膨張して温度が下がると雲ができる。

> └→フラスコ内の空気が膨張して，フラスコ内の温度が下がる。
> └→雲ができる。

④ **霧** 水滴が地表近くに浮かんだもの。

⑤ **霧のでき方** 霧は，地表近くの空気が冷やされ，水蒸気の一部が水滴になってできる。

⑥ **雨や雪のでき方** 雲をつくる水滴や氷の粒が合体するなど成長して，地表に落ちるとき，雨や雪になる。

> └→とけると雨になる。

● **降水**…地上に降ってくる雨や雪など。

雲のでき方 | 氷の粒

上がる気温（温度）が下空がる膨張すると

露点

水滴

水蒸気

地表

空気のかたまり

デジタル温度計

すばやく引く。

水

線香のけむりを少し入れる。

✦ 覚えると得 ✦

上昇気流と下降気流
上昇する空気の流れを上昇気流といい，下降する空気の流れを下降気流という。

露
水蒸気が水滴になり，地上のものの表面についたもの。

霜
水蒸気が氷の粒になり，地上のものの表面についたもの。

④ 水の循環

地球上の水は，固体（氷），液体，気体（水蒸気）とすがたを変えながら，大気中と地上を循環している。この循環を支えているのは，太陽のエネルギーである。

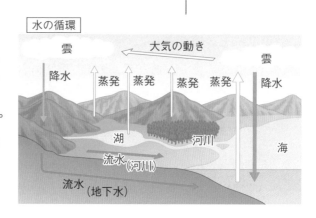

水の循環

雲　降水　蒸発　蒸発　蒸発　蒸発　雲　降水
大気の動き
湖　河川　海
流水（河川）
流水（地下水）

基本
チェック

左の「学習の要点」を見て答えましょう。

④ 雲について，次の問いに答えなさい。　《 チェック P.94 ❸

(1) 雲は何が上空に浮かんだものか。2つ答えなさい。

〔　　　　　　　〕〔　　　　　　　〕

(2) 雲のでき方について，次の文の〔　　〕にあてはまることばを書きなさい。

水蒸気をふくんだ空気が上昇していくと，上空ほど気圧が低いので空気は

〔①　　　　　　　〕して気温が〔②　　　　　　〕がる。〔③　　　　　　〕以下にな

ると，水蒸気が凝結(ぎょうけつ)して水滴や氷の粒になり，雲をつくる。

(3) 右の図のような装置で雲をつくる実験をした。次の文の

〔　　〕にあてはまることばを書きなさい。

右の図のように，ピストンをすばやく引くと，フラスコ

内の空気が〔①　　　　　　〕して，フラスコ内の温度が

〔②　　　　　　〕がり，フラスコ内が白くくもる。

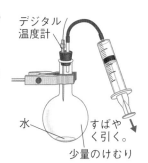

デジタル
温度計

水

すばや
く引く。

少量のけむり

⑤ 次の問いに答えなさい。　《 チェック P.94 ❸❹

(1) 水蒸気が冷やされて水滴になり，地表近くに浮かんだものを何というか。

〔　　　　　　　〕

(2) 雲をつくる水滴が成長して地表に落ちると，何になるか。

〔　　　　　　　〕

(3) 雲をつくる氷の粒が落ちてくる途中(とちゅう)で，とけて降ってきたものを何というか。

〔　　　　　　　〕

(4) 地上に降ってくる雨や雪などをまとめて何というか。

〔　　　　　　　〕

(5) 地球上の水がすがたを変えて，大気中や地上を循環させているエネルギーは，

何のエネルギーか。

〔　　　　　　　〕

基本
ドリル

8章 空気中の水蒸気と雲

1 30℃で，1m³あたり17.3gの水蒸気をふくんだ空気がある。右のグラフは，気温と飽和水蒸気量の関係を表している。グラフを見ながら，次の問いに答えなさい。

《 チェック P.92 ① (各5点×3 **15**点)

(1) 30℃では，1m³あたりあと何gの水蒸気をふくむことができるか。 〔   〕

(2) 温度を下げていくと，空気中の水蒸気量は飽和水蒸気量になり，このときの温度を露点という。露点は何℃か。〔   〕

(3) 露点よりもさらに温度を下げると，飽和水蒸気量が小さくなるので，空気中にふくみきれなくなった水蒸気が水滴になる。温度を10℃にすると，1m³あたり，何gの水蒸気が水滴になるか。 〔   〕

2 22.5℃で，1m³の空気中にふくむことができる水蒸気量(飽和水蒸気量)は20gである。これを図に表すと，右のようになる。ただし，丸の印1個は，水蒸気2gを表している。次の問いに答えなさい。

《 チェック P.92 ② (各5点×5 **25**点)

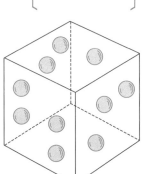

22.5℃の飽和水蒸気量

(1) 右の図で，丸の印は何個あるか。 〔   〕

(2) 22.5℃で，1m³あたり12gの水蒸気をふくむ空気がある。

① 図のように丸の印で表すと，丸の印は何個になるか。 〔   〕

② ①で答えた個数は，図の個数の何％にあたるか。次の式にあてはめて求めなさい。 〔   〕

$$\frac{①で答えた個数}{図の個数}×100〔％〕$$

③ 22.5℃で，実際にふくむ水蒸気量12gは，飽和水蒸気量20gの何％にあたるか。 〔   〕

(3) 22.5℃で，1m³あたり15gの水蒸気をふくむ空気がある。これは，22.5℃のときの飽和水蒸気量20gの何％にあたるか。 〔   〕

3 右の図は，雲をつくる実験装置を表している。図のピストンをすばやく引くと，フラスコ内が白くくもり，温度がわずかに下がった。次の問いに答えなさい。 《 チェック P.94 ❸ (各6点×4 **24**点)

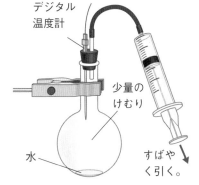

デジタル温度計

少量のけむり

水

すばやく引く。

(1) ピストンを引くと，フラスコ内の空気は，膨張するか，圧縮されるか。　〔　　　　　　　　〕

(2) ピストンを引くと，フラスコ内の気圧は，高くなるか，低くなるか。　　　　　　　〔　　　　　　　　〕

(3) ピストンを引くと，フラスコ内の温度が下がることから，フラスコ内の湿度は，高くなるか，低くなるか。　　　　　〔　　　　　　　　〕

(4) フラスコ内に生じた雲のように見えるものは，フラスコ内の空気中の何が変化したものか。　　　　　　　　　　　〔　　　　　　　　〕

4 右の図は，海から蒸発した水のゆくえを表している。次の問いに答えなさい。

(各6点×6 **36**点)
《 チェック P.94 ❹

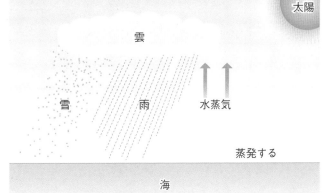

太陽

雲

雪　　雨　　水蒸気

蒸発する

海

(1) 海の水は，何によってあたためられるか。

〔　　　　　　　　〕

(2) あたためられた海の水が蒸発すると，何という気体になるか。　　　　　　　〔　　　　　　　　〕

(3) (2)で答えた気体は，上空に運ばれて冷えると，水滴や何になるか。1つ書きなさい。

〔　　　　　　　　〕

(4) (3)で答えたものや水滴が，上空に浮かんだものを何というか。〔　　　　　　　〕

(5) 海から蒸発した水は，何になって，再び海にもどってくるか。上の図中のことばから選んで，2つ書きなさい。　　　　　〔　　　　　〕〔　　　　　〕

8章 空気中の水蒸気と雲

1 右の図は，雲のでき方を表している。次の文の〔　　〕にあてはまることばや数を書きなさい。

（各5点×6　**30**点）

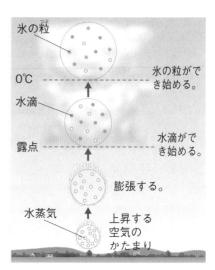

(1) 空気のかたまりは，上昇するにしたがって，気圧が〔　　　　　　　〕ので，膨張する。

(2) 膨張した空気のかたまりは，その温度が〔①　　　　　　　〕，〔②　　　　　　　〕に達したところで，空気中にふくまれていた水蒸気の一部が水滴になる。

(3) 水滴をふくむ空気のかたまりが，さらに上昇して膨張すると，温度はさらに〔①　　　　　　　〕，〔②　　　　〕℃以下になると，水蒸気や水滴の一部が〔③　　　　　　　〕になる。

2 右の図は，水の循環を表している。次の問いに答えなさい。

（各5点×4　**20**点）

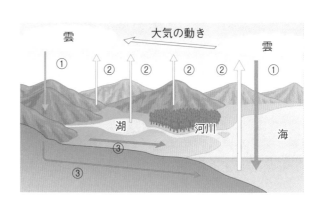

(1) 図の矢印①〜③は，蒸発・流水・降水（地上に降ってくる雨や雪など）のどれかを表している。それぞれ何を表しているか，答えなさい。

①〔　　　　　　〕　②〔　　　　　　　　〕　③〔　　　　　　　　〕

(2) 図のような，地球上での水の循環や大気の動きが起こるもとになっているエネルギーは何か。

〔　　　　　　　　　　　〕

得点**UP**コーチ

1 (1)上空にいくほど大気がうすくなり，気圧は低くなる。　(2)空気中の水蒸気は露点に達すると，この一部が水滴になる。

2 (1)図の③は河川の流れと，地下水の流れを示している。水は図のように，大気中と地上をめぐっている。

1 右の表は，気温と飽和水蒸気量の関係を表している。また，下の図のように，金属製のコップの表面がくもり始めたときの温度をはかると，10.0℃であった。ただし，このときの気温は20.0℃とする。次の問いに答えなさい。　（各8点×4　**32**点）

気温〔℃〕	5	10	15	20
飽和水蒸気量〔g/m³〕	6.8	9.4	12.8	17.3

温度計

くみ置きの水

氷

金属製のコップ

(1) コップがくもり始めたときの，コップに接している空気の温度は何℃か。　〔　　　　　〕

(2) この空気の露点は何℃か。　〔　　　　　〕

(3) この空気の湿度は何％か。ただし，答えは小数第1位を四捨五入しなさい。　〔　　　　　〕

(4) 同じ水蒸気量では，気温が高いときと，低いときでは，どちらが湿度が高いか。　〔　　　　　〕

2 右の図1，図2は，雲や霧をつくる実験装置を表している。次の問いに答えなさい。　（各6点×3　**18**点）

(1) 図1のようにすると，容器の中がくもって見えた。くもって見えたものは何か。

〔　　　　　〕

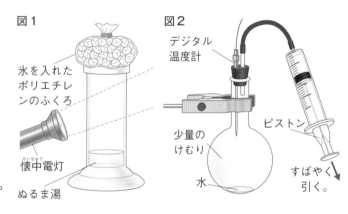

図1

氷を入れたポリエチレンのふくろ

懐中電灯

ぬるま湯

図2

デジタル温度計

少量のけむり

水

ピストン

すばやく引く。

(2) 図2のように，ピストンを引くと，フラスコの中がくもって見えた。くもって見えたものは何か。　〔　　　　　〕

(3) 霧をつくる実験は，図1，図2のどちらか。　〔　　　　　〕

得点UP
コーチ

1 (1)コップの中の水の温度と，コップに接している空気の温度は等しい。
(3)露点から湿度を求める。

2 (3)霧は地表近くの水蒸気が，地表によって冷やされ水滴になって，空気中に浮かんでいるものである。

学習の要点

9章 気圧と天気 -1

❶ 気圧と風

① **等圧線**　同時刻の気圧が等し
いと思われる地点を結んだなめ
らかな曲線。
→海面の高さでの値に直したもの。

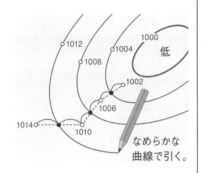

なめらかな
曲線で引く。

● **等圧線の引き方**…1000hPaを

基準に，4hPaごとに細い実

線を引き，20hPaごとに太い

実線を引く。また，2hPaごとの点線を引くこともある。

② **気圧と風**　風は気圧の高いところから低いところへ向かって
ふく。等圧線の間隔がせまいところほど気圧の差は大きく，風
は強くなる。
→間隔

③ **高気圧**　まわりより気圧が高いところ。
→等圧線は閉じた輪の形をしている。内部にいくほど，気圧が高くなる。

④ **低気圧**　まわりより気圧が低いところ。
→等圧線は閉じた輪の形をしている。内部にいくほど，気圧が低くなる。

❷ 高気圧・低気圧と天気

① **高気圧と風**

時計まわり
→北半球の場合
に風がふき出
し，中心部で
は，下降気流
になる。

② **低気圧と風**

反時計まわ
→北半球の場合
りに風がふきこみ，中心部では，上昇気流になる。
→上昇

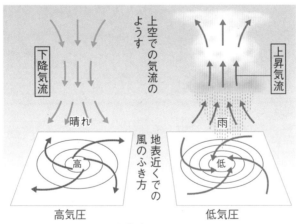

高気圧

低気圧

❸ 天気図

各観測地点での，ある時刻の天気や風力，風向を記号で記入し，
その上に前線や等圧線をかき入れたもの。
→前線

→P.102参照。

✦ 覚えると得 ✦

気圧配置

気圧の分布のようす
を表したもの。

高気圧の中心部の天気

下降気流となって晴
れることが多い。

低気圧の中心部の天気

上昇気流となって雲
ができ，くもりや雨
になりやすい。

天気記号の記入のしかた

風力（4）

風向

天気
（くもり）

風力	記号	風力	記号
0	○	5	○—
1	○⊢	6	○—
2	○—	7	○—
3	○—	8	○—
4	○—	12	○—

100

基本チェック

左の「学習の要点」を見て答えましょう。

---

① 気圧と風について，次の問いに答えなさい。　　　《 チェック P.100 ①

(1) 気圧の等しい地点をなめらかな曲線で結んだものを何というか。

〔　　　　　　　〕

(2) 等圧線は何hPaを基準にして引くか。

〔　　　　　　　〕

(3) 気圧の分布のようすを表したものを何というか。

〔　　　　　　　〕

(4) 気圧と風について，次の文の〔　　〕にあてはまることばを書きなさい。

風は気圧の〔① 　　　　　　〕いところから〔② 　　　　　　〕いところに向かってふく。

(5) 等圧線の間隔がせまいところほど，風の強さはどうなるか。

〔　　　　　　　〕

(6) まわりより気圧が高いところを何というか。

〔　　　　　　　〕

(7) まわりより気圧が低いところを何というか。

〔　　　　　　　〕

② 北半球の高気圧・低気圧と天気について，次の文の〔　　〕にあてはまることばを書きなさい。　　　《 チェック P.100 ②

• 高気圧の中心部では，〔① 　　　　　〕まわりに風がふき出し，〔② 　　　　〕気流になり，天気は〔③ 　　　　〕ることが多い。

• 低気圧の中心部では，〔④ 　　　　　〕まわりに風がふきこみ，〔⑤ 　　　　〕気流になり，天気はくもりや〔⑥ 　　　　〕になりやすい。

③ 観測地点での，ある時刻の天気や風力，風向を記号で記入し，その上に前線や等圧線をかき入れたものを何というか。　　　《 チェック P.100 ③

〔　　　　　〕

学習の要点

9章 気圧と天気 -2

✦ 覚えると得 ✦

前線の種類と記号

前線	記号	進行方向
温暖前線	●●●●	↑
寒冷前線	▼▼▼▼	↓
停滞前線	●▼●▼	●
へいそく前線	▲●▲●	↑

④ 気団と前線

① **気団** 大陸上や海上で,広い範囲にわたってできた気温や湿度がほぼ一様な大きな空気のかたまり。

② **前線面** 気温や湿度など,性質の異なる気団が接する境界面。

③ **前線とその種類** 前線面が**地表と交わる線を前線**という。

● **温暖前線**…暖気が寒気の上にはい
あたたかい空気のかたまり。← →冷たい空気のかたまり。
上がり寒気をおしながら進む前線。

● **寒冷前線**…寒気が暖気の下にもぐりこみ,暖気をおし上げながら進む前線。

● **停滞前線**…寒気と暖気の勢いがほぼ同じでほとんど動かない前線。
→梅雨前線などの停滞前線付近では,雨やくもりの日が続く。

● **へいそく前線**…寒冷前線が温暖前線に追いついてできる前線。寒冷前線の進む速さは,温暖前線より速いことが多い。

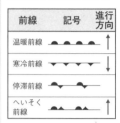

⑤ 前線と天気の変化

① **温帯低気圧** 中緯度で発生する前線をともなう低気圧で,日本付近では,温帯低気圧の南東側に温暖前線,南西側に寒冷前線ができることが多い。

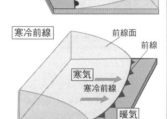

② **温暖前線と天気** 広い範囲に乱層雲や高層雲などができ,**弱い雨が長く降り続く**。
→広い範囲に降る。

③ **寒冷前線と天気** 発達した積乱雲ができ,**雷雨や強い雨が短時間に降る**。
→突風をともなうことも多い。
※寒冷前線が近づいてくると気圧が下がり,通過後,気圧は上がる。

④ **低気圧と前線の移動** 日本付近では,上空の**偏西風**の影響で,
→温帯低気圧　　　　　　　　　西よりの強い風,P.112参照。←
低気圧や前線は**西から東へ**移動し,天気も西から東へ移る。

温暖前線の通過後
南よりの風になり,気温は上がる。

寒冷前線の通過後
風は南よりから北よりになり,気温は下がる。

左の「学習の要点」を見て答えましょう。

④ 気団と前線について，次の問いに答えなさい。　　　　　　《 チェック P.102 ④

(1) 大陸上や海上で，広い範囲にわたってできた気温や湿度がほぼ一様な大きな空気のかたまりを何というか。　　　　　　　　　　　　〔　　　　　　　　〕

(2) 気温や湿度など，性質の異なる(1)が接する境界面を何というか。

〔　　　　　　　　〕

(3) (2)が地表と交わってできる線を何というか。　　　〔　　　　　　　　〕

(4) 次の①〜④の前線の名称を答えなさい。また，その前線の記号を，下のア〜エから選び，記号で答えなさい。

① 寒気が暖気の下にもぐりこみ，暖気をおし上げながら進む前線。

名称〔　　　　　　〕 記号〔　　　　　　〕

② 寒冷前線が温暖前線に追いついてできる前線。

名称〔　　　　　　〕 記号〔　　　　　　〕

③ 寒気と暖気の勢いがほぼ同じでほとんど動かない前線。

名称〔　　　　　　〕 記号〔　　　　　　〕

④ 暖気が寒気の上にはい上がり，寒気をおしながら進む前線。

名称〔　　　　　　〕 記号〔　　　　　　〕

ア ▼─▼─▼　　イ ●─●─●　　ウ ●▲●▲　　エ ●▼●▼

⑤ 前線と天気の変化について，次の問いに答えなさい。　　　　　《 チェック P.102 ⑤

(1) 広い範囲に乱層雲などができ，弱い雨が長く降る前線を何というか。

〔　　　　　　　　〕

(2) (1)の前線が通過後，気温は上がるか，下がるか。　〔　　　　　　　　〕

(3) 発達した積乱雲ができ，雷雨や強い雨が短時間に降る前線を何というか。

〔　　　　　　　　〕

(4) (3)の前線が通過後，気温は上がるか，下がるか。　〔　　　　　　　　〕

1 風は気圧の高いところから低いところに向かってふく。北半球では，高気圧の中心から時計まわりに風がふき出し，低気圧の中心付近は，反時計まわりに風がふきこむ。次のア〜エから，高気圧，低気圧の風のふき方を正しく表しているものをそれぞれ選び，記号で答えなさい。 《 チェック P.100 ①② (各5点×2 **10**点)

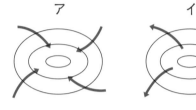

ア　　　　　　　　イ

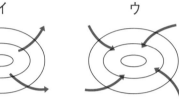

ウ　　　　　　　　エ

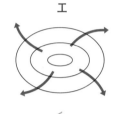

高気圧〔　　　　　〕　低気圧〔　　　　　〕

2 次の①，②の気象状況を，(例)のように，天気記号を用いて表しなさい。 《 チェック P.100 ③ (各6点×2 **12**点)

（例）　東の風，風力4，　　①　南南東の風，風力1，　　②　北西の風，風力4，
　　　　天気は雨　　　　　　　　　天気は晴れ　　　　　　　　天気は雪

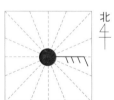

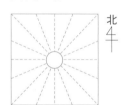

3 空気のかたまりが大陸上や海上に長くとどまっていると，気温・湿度がほぼ一様になる。右の図は，冷たい空気のかたまり(寒気)とあたたかい空気のかたまり(暖気)が接したときのようすを表している。次の問いに答えなさい。(各6点×3 **18**点)
《 チェック P.102 ④

(1) 気温や湿度がほぼ一様な空気の大きなかたまりを何というか。　〔　　　　　　〕

(2) 性質の異なる空気のかたまりが接したときにできる境界面のことを何というか。　〔　　　　　　〕

(3) (2)の境界面が地表と交わるところを何というか。
　〔　　　　　　〕

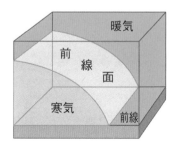

学習日　月　日　得点　点

4 右の図は，低気圧周辺の地表付近での空気の流れを，矢印を使って表したものである。次の問いに答えなさい。
≪ チェック P.102 ⑤（各6点×2 **12**点）

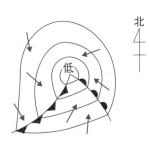

(1) 寒冷前線の通過前後で風向はどう変わるか。次のア〜エから選び，記号で答えなさい。　〔　　　〕

　ア　東よりから北よりに変わる。　　イ　東よりから南よりに変わる。

　ウ　北よりから南よりに変わる。　　エ　南よりから北よりに変わる。

(2) 温暖前線の通過前後で風向はどう変わるか。(1)のア〜エから選び，記号で答えなさい。　〔　　　〕

5 図1，図2は，2種類の前線付近のようすを模式的に表したものである。次の問いに答えなさい。
≪ チェック P.102 ④⑤（各6点×8 **48**点）

図1

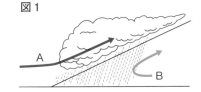

図2

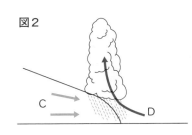

(1) 図1は，温暖前線と寒冷前線のどちらを表したものか。　〔　　　　〕

(2) 図1のAとBは，それぞれ寒気，暖気のどちらか。
A〔　　　　〕
B〔　　　　〕

(3) 図2は，温暖前線と寒冷前線のどちらを表したものか。　〔　　　　〕

(4) 図2のCとDは，それぞれ寒気，暖気のどちらか。
C〔　　　　〕
D〔　　　　〕

(5) 次の文は，温暖前線について述べたものである。〔　〕にあてはまることばを，下の{　}の中から選んで書きなさい。

　温暖前線が近づくと，〔①　　　　　　〕雨が降り続き，通過すると雨がやんで，気温が〔②　　　　　〕。

{　強い　　弱い　　上がる　　下がる　}

1 右の図は，日本付近のある地点での気圧配置の一部を表したものである。次の問いに答えなさい。

（各4点×5　**20**点）

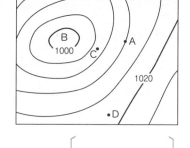

(1) 図のような，気圧の等しい地点を，なめらかな曲線で結んだものを何というか。　〔　　　　　〕

(2) 図の曲線は，何hPaごとに引いてあるか。　　　　　〔　　　　　〕

(3) A地点の気圧は何hPaか。　　　　　　　　　　　　〔　　　　　〕

(4) 図のBは，高気圧，低気圧のどちらか。　　　　　　〔　　　　　〕

(5) 図のC地点とD地点では，どちらのほうが強い風がふくか。記号で答えなさい

〔　　　　　〕

2 高気圧と低気圧について，次の問いに答えなさい。　（各6点×4　**24**点）

(1) 高気圧と低気圧の中心付近における大気の流れと地表の天気のようすを正しく表しているものを，それぞれ次のア〜エから選び，記号で答えなさい。

ア　　　　　　　イ　　　　　　　ウ　　　　　　　エ

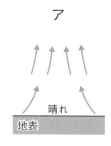

高気圧〔　　　　〕　低気圧〔　　　　〕

(2) 低気圧について，次の文の〔　　〕にあてはまることばを書きなさい。

まわりよりも気圧の〔①　　　　　　　〕いところを低気圧といい，北半球では，

〔②　　　　　　　〕まわりに風がふきこむ。

学習日　月　日　得点　点

3 右の図は，温暖前線と寒冷前線付近のようすと，前線の記号を表したものである。次の問いに答えなさい。 (各7点×4 **28**点)

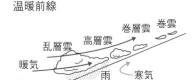
温暖前線

(1) 暖気が寒気の上にはい上がりながら進む前線はどちらか。 〔　　　　　　〕

(2) 垂直に発達した雲ができやすい前線はどちらか。 〔　　　　　　〕

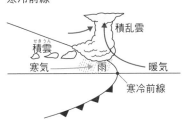
寒冷前線

(3) 前線通過後，気温が下がる前線はどちらか。 〔　　　　　　〕

(4) 寒気と暖気では，どちらの空気が重いか。 〔　　　　　　〕

4 右の図は，寒冷前線と温暖前線付近の垂直断面のようすを表している。次の問いに答えなさい。 (各7点×4 **28**点)

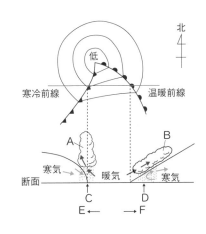

(1) 図のA，Bの雲は何か。下の{　}の中から選んで書きなさい。
A〔　　　　　　〕
B〔　　　　　　〕

{ 巻層雲（けんそううん）　乱層雲　巻雲　積乱雲 }

(2) 激しいにわか雨が降っているのは，C，Dのどちらか。記号で答えなさい。 〔　　　〕

(3) 温暖前線の通過後は，気温が上がる。また，寒冷前線の通過後は，気温が下がる。このことから，2つの前線の進む向きは，E，Fのどちらか。記号で答えなさい。 〔　　　〕

得点UP コーチ

3 (2)この雲からは強いにわか雨が降りやすい。　(4)冷たい空気は下に移動し，あたたかい空気は上に移動する。

4 (3)前線は，およそ西から東に移動する。

9章 気圧と天気

1 右の図は，日本付近のある地域での等圧線の一部を表したものである。次の問いに答えなさい。

(各6点×5 **30**点)

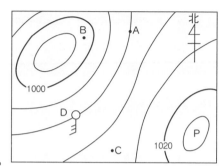

(1) A地点での気圧は何hPaか。

〔　　　　　　　　　　〕

(2) 等圧線の間隔がせまいほど風は強いといえる。図のB地点とC地点で風が強いのは，どちらと考えられるか。〔　　　　　　　　〕

(3) 風は風向と風力で表すことができる。風向は16方位に分けて矢の向きで表す。また，風力は13階級に分けて矢羽根の数で表す。図のD地点の風向と風力を答えなさい。　　　　　　　　　　風向〔　　　　　　　〕風力〔　　　　　　　〕

(4) 図のPは高気圧，低気圧のどちらか。〔　　　　　　　　〕

2 右の図は，ある日の日本付近の天気図であり，等圧線は4hPaごとに引かれている。また，図中の○印につけた数値は，各観測地点における気圧の値を示している。ただし，この天気図では，1020hPaの等圧線や，高気圧，低気圧を示す文字などが一部省略されている。次の問いに答えなさい。

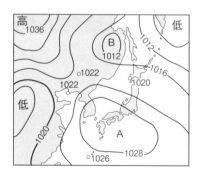

(各7点×4 **28**点)

(1) 省略されている1020hPaの等圧線を，この天気図にかき入れなさい。

(2) 図のA，Bは，高気圧，低気圧のどちらか。

A〔　　　　　　　　〕　B〔　　　　　　　〕

(3) 高気圧の中心では，上昇気流と下降気流のどちらの気流が生じるか。

〔　　　　　　　　　　〕

---

1 (1)等圧線は4hPaごとに引かれている。　(3)風は，矢の向いている方向からふくことに注意する。

2 (1)札幌付近の1020hPaの地点を通ることや，1012hPa，1016hPaの等圧線，1022hPaの地点などから考える。

3 右の図は，日本付近の低気圧と前線のようすを表して
いる。次の問いに答えなさい。　　　（各7点×5　**35**点）

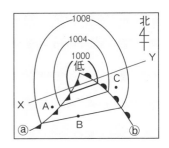

(1) ⓐ，ⓑの前線は何か。名称を答えなさい。

　ⓐ〔　　　　　　　　〕　ⓑ〔　　　　　　　　〕

(2) A，B，Cの各地点のうち，晴れていると考えられる
　地点はどこか。記号で答えなさい。　　　　　〔　　　　〕

(3) 前線の垂直断面X－Yのようすを正しく表しているのは，次のア～エのどれか。
　記号で答えなさい。ただし，矢印は空気の流れを示している。　　〔　　　　〕

(4) 次のア～エの文は，図のⓑの前線について述べたものである。正しいものを選び，
　記号で答えなさい。　　　　　　　　　　　　　　　　　〔　　　　〕

　ア　おもに積乱雲などの雲をともない，前線の通過後，気温は下がる。

　イ　おもに積乱雲などの雲をともない，前線の通過後，気温は上がる。

　ウ　おもに乱層雲などの雲をともない，前線の通過後，気温は下がる。

　エ　おもに乱層雲などの雲をともない，前線の通過後，気温は上がる。

4 日本付近の低気圧周辺で雨の降る範囲を，正しく表しているのはどれか。次のア
～エから選び，記号で答えなさい。ただし，雨の範囲は斜線で表している。（**7**点）

〔　　　　〕

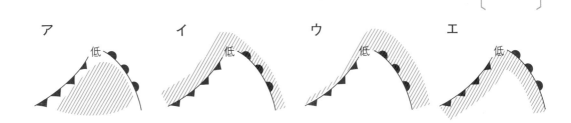

---

3 (1)ⓐは低気圧の中心から南西にのび，
　ⓑは南東にのびている。
　(2)寒冷前線の後方と温暖前線の前方は

雨が降っている。

4 温暖前線の前方の広い範囲と，寒冷前
線の後方のせまい範囲で，雨が降る。

10章 日本の天気 -1

1 日本の四季の天気(1)

① 日本付近に現れる気団

● 夏…小笠原気団
　→あたたかく湿っている。

● 冬…シベリア気団
　→冷たく乾燥している。

● つゆ(梅雨)…オホーツク海気
団，小笠原気団
　→冷たく湿っている。

② 夏の天気の特徴

● 夏の気圧配置…太平洋に高気圧(太平洋高気圧)，大陸に低気
　→南高北低という。
圧。

● 夏に影響をおよぼす気団…小笠原気団。

● 夏の天気…あたたかく湿った南東の季節風がふき，蒸し暑い。

③ 冬の天気の特徴

● 冬の気圧配置…大陸に高気圧(シベリア高気圧)，日本の北東
　→西高東低という。
海上に低気圧。

● 冬に影響をおよぼす気団…シベリア気団。

● 冬の天気…日本海側は雪，太平洋側は晴れの日が多い。

▲夏の天気図

▲冬の天気図

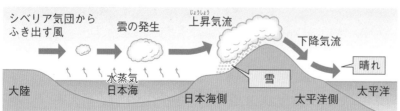

シベリア気団からふき出す風　→　雲の発生　→　上昇気流　→　下降気流　→　晴れ

大陸　水蒸気　日本海　日本海側　雪　太平洋側　太平洋

重要 テストに出る

● 気団の性質
海上の気団は湿っている。北にある気団は温度が低い。

● 小笠原気団
　　　…暖・湿

● シベリア気団
　　　…冷・乾

● オホーツク海気団
　　　…冷・湿

✦ 覚えると得 ✦

夏に南東(南)の季節風がふく理由
太平洋上の気圧が高くなるため，太平洋から日本を通ってユーラシア大陸へ向かう南東の季節風がふく。

冬の季節風
冬は，大陸から海洋に向かって，冷たい北西の季節風がふく。

基本チェック　左の「学習の要点」を見て答えましょう。

① 右の図は，日本付近に現れる３つの気団を表している。次の問いに答えなさい。 チェック P.110 ①

(1) 次の時期に発達する気団は何か。

① 冬 〔　　　　　　　〕

② 夏 〔　　　　　　　〕

③ つゆ（２つ）〔　　　　　　　〕

〔　　　　　　　〕

(2) 次の性質をもつ気団は何か。

① あたたかく，湿っている。 〔　　　　　　　　　〕

② 冷たく，乾燥している。 〔　　　　　　　　　〕

③ 冷たく，湿っている。 〔　　　　　　　　　〕

② 下の図は，夏と冬の天気図である。次の問いに答えなさい。 チェック P.110 ①

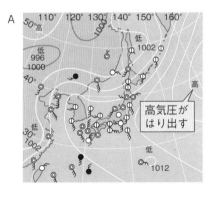

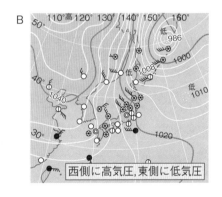

(1) 夏の天気図は，A，Bのどちらか。 〔　　　　　〕

(2) 夏，冬のそれぞれの気圧配置を何というか。

夏〔　　　　　　　〕 冬〔　　　　　　　〕

(3) 夏，冬のそれぞれで発達する高気圧を何というか。

夏〔　　　　　　　　　〕 冬〔　　　　　　　　　〕

(4) 冬の日本の天気について，次の文の〔　　〕にあてはまる天気を書きなさい。

日本海側は〔①　　　　　　　　〕，太平洋側は〔②　　　　　　　　〕の日が多い。

10章 日本の天気 -2

2 日本の四季の天気(2)

① 春と秋の天気の特徴

● 春と秋の気圧配置…移動性高気圧と低気圧が，交互に日本付近を通過する。

● 春と秋の天気…不安定で変わりやすい。
　└→移動性高気圧におおわれると晴れ，低気圧が通るとくもりや雨になる。

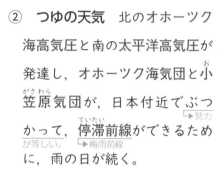

▲春・秋の天気図

② つゆの天気
北のオホーツク海高気圧と南の太平洋高気圧が発達し，オホーツク海気団と小笠原気団が，日本付近でぶつかって，停滞前線ができるために，雨の日が続く。
　　　　　　　└→勢力が等しい。　└→梅雨前線

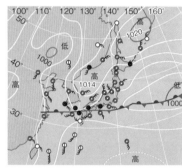

▲つゆの天気図

③ 台風
中心付近の最大風速が17.2m/秒以上の熱帯低気圧を台風という。大雨や強風に加え，
　　　　　　　　　└→熱帯地方の海上で発生。
洪水や高潮，土砂くずれなどの災害をもたらす。前線はない。

3 大気の動きと海洋の気象への影響

① 大気の動き
太陽から受けとるエネルギー(光)のちがいによる，地球規模の大気の動きがある。

● 偏西風…中緯度付近の上空で，西から東へ地球を1周する大気の流れ。移動性高気圧や台風が西から東へ動く原因。

② 海洋の気象への影響
海洋は大陸に比べてあたたまりにくく冷めにくい性質があり，高気圧や低気圧の発生に影響している。

● 海風・陸風…晴れた日の昼は，陸上の気温が海上より高くなり，海から気圧の低い陸に向かって海風がふく。晴れた日の夜は，陸上の気温が海上より低くなり，気圧の高い陸から海に向かって陸風がふく。

✦ 覚えると得 ✦

移動性高気圧
春と秋によく見られる，日本列島付近を西から東へ次々に通る高気圧。

秋雨前線
9月ごろにできる，梅雨前線と同じような停滞前線。

降水による恩恵
農業や工業用水，生活用水，水力発電など。

大気の大循環
地球規模の大気の動きには，貿易風，偏西風，極偏東風などがあり，日本付近の上空には，1年中，偏西風がふいている。

基本チェック 左の「学習の要点」を見て答えましょう。

③ 右の図は，春や秋の天気図である。次の文の〔　　〕にあてはまることばを書きなさい。

<< チェック P.112 ②

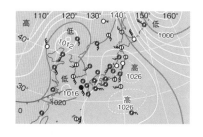

- 春や秋は，日本付近を〔①　　　　　　〕高気圧と低気圧が，交互に通過する。
- 移動性高気圧におおわれると〔②　　　　　　〕になるが，低気圧がおとずれるとくもりや〔③　　　　　　〕になる。
  春や秋の天気は，不安定で変わり〔④　　　　　　〕。

④ 右の図は，つゆの天気図である。次の問いに答えなさい。

<< チェック P.112 ②

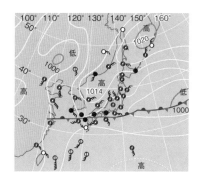

(1) つゆの天気の特徴について，次の文の〔　　〕にあてはまることばを書きなさい。

　　北のオホーツク海高気圧と南の〔①　　　　　〕高気圧が発達し，〔②　　　　　　〕気団と小笠原気団が日本付近でぶつかって勢力が等しいため，〔③　　　　〕前線ができるので，〔④　　　　〕の日が続く。

(2) つゆのころにできる停滞前線を何というか。　　〔　　　　　　〕

⑤ 次の問いに答えなさい。

<< チェック P.112 ②③

(1) 中心付近の最大風速が17.2m/秒以上の熱帯低気圧を何というか。

〔　　　　　　〕

(2) 中緯度付近の上空で，西から東へ向かう風を何というか。　〔　　　　　〕

(3) 海岸付近で，晴れた日の昼，陸があたためられて気圧が低くなり，気圧の高い海から気圧の低い陸に向かってふく風を何というか。

〔　　　　　〕

10章 日本の天気

1 右の図は，2つの季節の天気図である。次の問いに
答えなさい。　　　　≪ チェック P.110 ❶（各5点×6　30点）

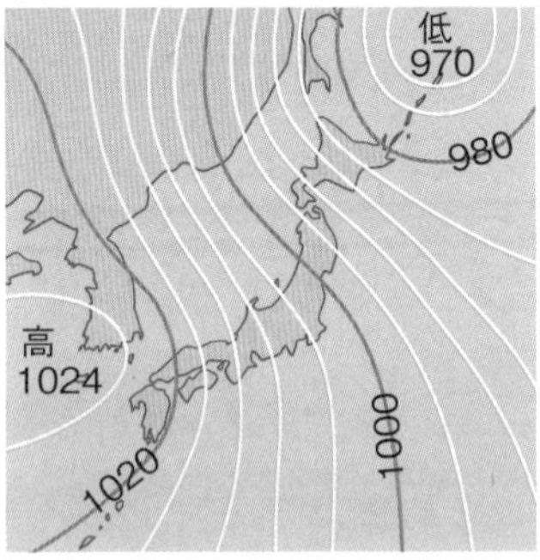

(1)　図1，図2は，それぞれ春，夏，秋，冬のどの季節
のものか。

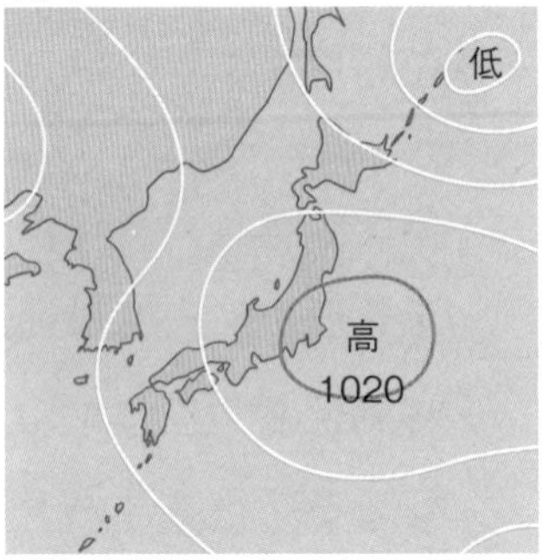

　　　図1〔　　　　　　〕　図2〔　　　　　　〕

(2)　図1，図2の季節に，日本の天気に大きく影響する
気団を，下の{ }の中から選んで書きなさい。

　　　　　　　図1〔　　　　　　　　　　〕

　　　　　　　図2〔　　　　　　　　　　〕

{ 　シベリア気団　　　　小笠原気団
　オホーツク海気団 }

(3)　次の①，②のような天気の特徴がある季節の天気図
は，図1，図2のどちらか。

①　南東の風がふき，むし暑い日が続く。

②　日本海側は雪となり，太平洋側は晴れる。

〔　　　　　　〕

〔　　　　　　〕

図1

図2

2 右の図は，9月に日本に台風が上陸したときの天
気図である。次の問いに答えなさい。

≪ チェック P.112 ❷（各4点×3　12点）

(1)　台風は下の{ }のうち，どれが発達したものか。

〔　　　　　　　　　〕

{ 　温帯低気圧　　　熱帯低気圧　　　移動性高気圧　　　小笠原気団 }

(2)　台風は，本州付近ではおおよそ西→東，東→西のどちらに進むか。

〔　　　　　　　〕

(3)　(2)の動きは，何という大気の流れの影響を受けるためか。

〔　　　　　　　〕

3 右の図は，6月下旬(げじゅん)の日本付近の天気図である。
次の問いに答えなさい。

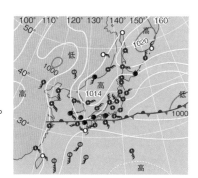

《 チェック P.112 ❷ (各7点×4 **28**点)

(1) 日本の南岸ぞいに，何という前線ができているか。

〔　　　　　　　　　　〕

(2) (1)の前線ができるのは，冷たく湿(しめ)った性質の気団
と，あたたかく湿った性質の気団が，日本付近でぶ
つかるためである。それぞれの気団を何というか。

冷たく湿った気団〔　　　　　　　　〕

あたたかく湿った気団〔　　　　　　　　〕

(3) (1)の前線がほとんど動かないために，どんな天気の日が続くか。

〔　　　　　　　　　　　　　〕

4 次の文の〔　〕にあてはまることばを書きなさい。

《 チェック P.112 ❷❸ (各3点×10 **30**点)

(1) 春や秋は，移動性高気圧と低気圧が，交互(こうご)に日本付近を
〔① 　　　　〕から〔② 　　　　〕へ移動する。

(2) 中緯度(ちゅういど)付近の上空を〔① 　　　　〕から〔② 　　　　〕へふく
風を偏西風(へんせいふう)という。

(3) 海岸付近では，晴れた日の昼に，海から陸に向かって〔① 　　　　〕がふく。
これは，陸上の気温が海上より〔② 　　　　〕なると，陸上の気圧が海上よりも
〔③ 　　　　〕なるためである。また，夜には，陸から海に向かって〔④ 　　　　〕
がふく。これは，陸上の気温が海上より〔⑤ 　　　　〕なって，陸上の気圧が海上
よりも〔⑥ 　　　　〕なるためである。

1 右の図は，日本の四季の天気に影響を与える気団を表したものである。次の問いに答えなさい。

（各6点×6　36点）

(1) 右の図の気団のうち，空気が乾燥している気団はどれか。〔　　　　　　　　〕

(2) 冬に発達し，大陸からの冷たい季節風を日本にふかせる気団は何か。

〔　　　　　　　　〕

(3) 夏の初めに，長い雨を降らせる梅雨前線は，どの気団とどの気団の間に生じるか。

〔　　　　　　　〕〔　　　　　　　〕

(4) 夏に日本にふく南東の季節風は，どのような性質か。温度と湿度について，それぞれ下の{　}の中から選んで書きなさい。

温度〔　　　　　　〕　湿度〔　　　　　　〕

{　高い　　低い　}

2 右の図は，日本のある季節の天気図である。次の問いに答えなさい。（各8点×2　16点）

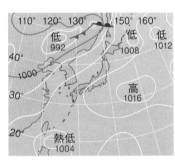

(1) この季節には，太平洋上に，日本の天気に大きな影響をおよぼす気団が発達する。その気団の名称を答えなさい。〔　　　　　　　　〕

(2) この季節の日本の天気は，図中の高気圧からふき出してくる季節風に影響される。この季節風の性質として最も適当なものを，次のア～エから選び，記号で答えなさい。〔　　　　　　〕

ア　高温で湿っている。　　イ　高温で乾燥している。

ウ　低温で湿っている。　　エ　低温で乾燥している。

得点UPコーチ

1 (2)冬に発達するのは，シベリア方面で発生する気団で，そこからの季節風がふく。

2 (1)南高北低の気圧配置になっている。
(2)南の海上にある気団の性質から考える。

---

3 右の２つの天気図（図１，図２）を見て，次の問い
　　に答えなさい。　　　　　　　　　（各6点×5　**30**点）

図1

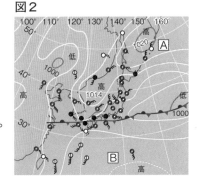

(1)　図１のような気圧配置がよく見られるのはいつか。
　　下の{　}の中から選んで書きなさい。

〔　　　　　　　　　　　〕

$\left\{ \begin{array}{ccc} 春・秋 & 夏 & つゆ　冬 \end{array} \right\}$

(2)　図２で，東西にのびている前線を，下の{　}の中
　　から選んで書きなさい。〔　　　　　　　　　　　〕

図2

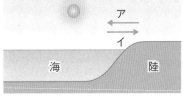

$\left\{ \begin{array}{cc} 寒冷前線 & 温暖前線 \\ 停滞前線 & へいそく前線 \end{array} \right\}$

ていたい

(3)　図２のような気圧配置がよく見られるのはいつか。
　　下の{　}の中から選んで書きなさい。

〔　　　　　　　　　　　〕

$\left\{ \begin{array}{ccc} 春・秋 & 夏 & つゆ　冬 \end{array} \right\}$

(4)　図２中のＡ，Ｂの気団の性質を，下の{　}の中からそれぞれ選んで書きなさい。

　　　　Ａ〔　　　　　　　　　〕　Ｂ〔　　　　　　　　　　　〕

$\left\{ \begin{array}{cc} あたたかく湿っている & あたたかく乾燥している \\ 冷たく湿っている & 冷たく乾燥している \end{array} \right\}$

4 右の図は，晴れている昼間の海岸付近である。次
　　の問いに答えなさい。　　　　　　（各6点×3　**18**点）

(1)　昼間，太陽によってあたたまりやすいのは，陸と
　　海のどちらか。　　　　　　〔　　　　　　　〕

(2)　(1)のとき，風は図のア，イのどちら向きにふくか。　　　　〔　　　　　　　〕

(3)　(2)のときの風を何というか。　　　　　　　　　〔　　　　　　　〕

---

3 (1)高気圧と低気圧が，交互に日本付近
　　を通過する。
　　(2)オホーツク海気団と小笠原気団の勢

力が同じで，前線がほとんど動かない。
(4)どちらの気団も海洋上で発生する。

発展ドリル 🌱 10章▶ 日本の天気

1 右のA，Bは，夏と冬の天気図である。次の問いに答えなさい。　（各5点×5 **25**点）

(1) A，Bは，それぞれ夏と冬のどちらの天気図か。

A〔　　　　　〕　B〔　　　　　〕

(2) Aの天気図の季節に，日本付近に影響をおよぼす気団は何か。〔　　　　　〕

(3) Bの天気図の季節に，日本付近にふく季節風の風向は何か。〔　　　　　〕

(4) Bの天気図の季節に，太平洋側の天気はどうなることが多いか。〔　　　　　〕

2 右の図は，7月の日本付近の天気図である。次の問いに答えなさい。　（各5点×9 **45**点）

(1) A地点の天気と風向を書きなさい。

天気〔　　　　　〕　風向〔　　　　　〕

(2) 等圧線Bの気圧は何hPaか。〔　　　　　〕

(3) 日本列島を横切って，東西にのびている前線X−Yを何というか。〔　　　　　〕

(4) 前線X−Yは，2つの気団の間にできる。それぞれの気団名と気団の性質を書きなさい。

気団名〔　　　　　〕　性質〔　　　　　〕

気団名〔　　　　　〕　性質〔　　　　　〕

(5) この気圧配置のような時期を何というか。〔　　　　　〕

得点UPコーチ

1 (1)Bは西高東低の気圧配置になっている。
(4)日本海側は雪の日が多い。

2 (1)天気図の上が北の方位である。
(4)高緯度の海洋上で発生する気団と，低緯度の海洋上で発生する気団である。

3 下の図は，春の連続した3日間の天気図である。3月14日には日本は高気圧に
おおわれていたが，3月15日には低気圧が通過し，3月16日には再び西から高気
圧がやってきたことがわかる。次の問いに答えなさい。　　（各5点×3　**15**点）

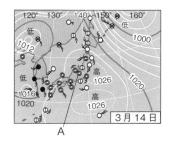
3月14日

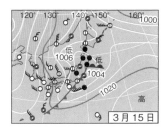
3月15日

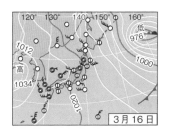
3月16日

(1)　3月15日に日本を通過した低気圧は，その後，どの方向に進んだと考えられるか。

〔　　　　　　　〕

(2)　この3日間で，A地点の天気は，どのように変化したか。

〔　　　　　→　　　　　→　　　　　〕

(3)　(2)から，春の天気には，どのような特徴があるといえるか。

〔　　　　　　　〕

4 下の図は，シベリア気団からの風が，日本列島に向かってふいているようすを表
している。次の文の〔　　〕にあてはまることばを書きなさい。

（各3点×5　**15**点）

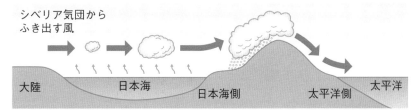

シベリア気団から
ふき出す風

大陸　　　　日本海　　　　日本海側　　　太平洋側　　太平洋

日本海の上を通過する間に，空気は多くの〔①　　　　　　〕をふくんで雲をつく
り，その雲が日本海側に〔②　　　　　〕を降らせる。その結果，山地をこえる空気は
〔③　　　　　〕を失い，太平洋側では〔④　　　〕した〔⑤　　　　〕の日が続く。

得点UP
コーチ

3 春と秋は，高気圧と低気圧が交互に日
本付近におとずれるために，天気が変
わりやすい。

4 シベリア気団からの風は冷たく乾燥し
ているが，あたたかい日本海の上で多
量の水蒸気をふくむ。

1 次の文の〔　　〕にあてはまることばや数を書きなさい。　　　（各4点×10　**40**点）

(1) 雲量が0～1のとき，天気は〔①　　　　　　　　〕で，雲量が2～8のとき，天気は〔②　　　　　　〕，雲量が9～10のとき，天気は〔③　　　　　　　〕である。

(2) 風の強さを〔①　　　　　　〕といい，〔②　　　　　　　　〕や周辺のようすをもとにして，13階級に分けて表す。

(3) 空気の重さによって生じる圧力を〔①　　　　　　　　〕といい，①は，海面と同じ高さでは約1013hPaで〔②　　　　〕気圧である。①は，標高によって大きさが変わる。標高が高くなるほど，①は〔③　　　　　　〕なる。

(4) 圧力は，圧力＝$\dfrac{〔①　　　　　　　　〕}{〔②　　　　　　　　〕}$　で求められる。

2 図1，図2は，低気圧にともなう2種類の前線付近のようすを模式的に表したものである。次の問いに答えなさい。　　　（各5点×4　**20**点）

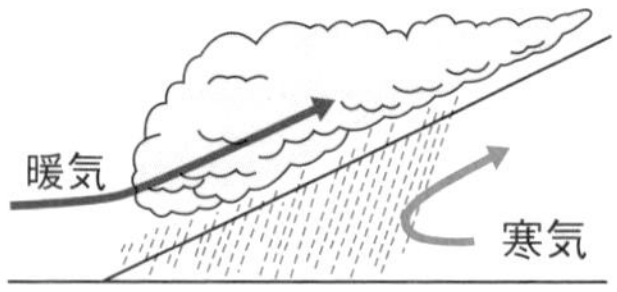

(1) 図1，図2が表す前線の名称を答えなさい。

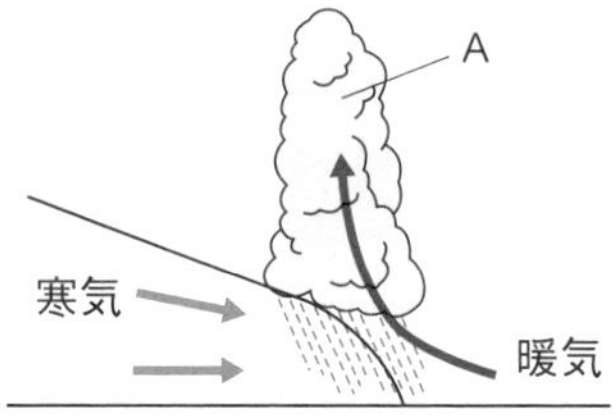

図1〔　　　　　　　　〕

図2〔　　　　　　　　〕

(2) 図1のAの雲は何か。下の{　}の中から選んで書きなさい。　〔　　　　　　　　〕

{　積雲　　積乱雲　　巻雲　　乱層雲　}

(3) 図2に示した前線は，天気図ではどのように表されるか。次のア～エから選び，記号で答えなさい。　　　　　　〔　　　　　〕

図1

寒気　　　　　暖気

図2

暖気　　　　寒気

ア　　　　　　イ 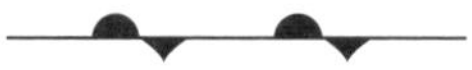　　　　　　ウ 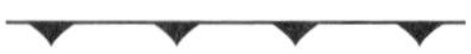　　　　　　エ

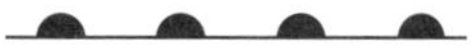

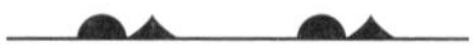

得点UP
コーチ

1 (1)天気は，雲量によって，快晴，晴れ，くもりの3つに分けられる。

2 (1)図1は寒気が暖気の下にもぐりこん

でできる前線，図2は暖気が寒気の上にはい上がってできる前線である。

(2)垂直に発達した雲である。

3 右のグラフは，晴れの日と雨の日の気温と湿度，気圧の変化を表している。次の問いに答えなさい。

（各4点×3　**12**点）

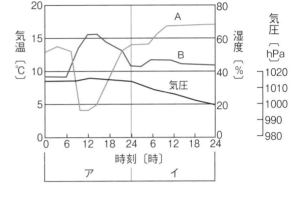

(1) 気温を表しているのは，A，Bのどちらか。　〔　　　　　〕

(2) 晴れの日は，ア，イのどちらか。

〔　　　　　〕

(3) 気圧が低くなると，天気はどうなるか。　〔　　　　　　　　　　〕

4 右の図のように，晴れの日と雨の日の同じ時刻に，金属製のコップの表面がくもり始めたときの温度をはかると，右の表のようになった。次の問いに答えなさい。

（各4点×2　**8**点）

	表面がくもり始めたときの温度〔℃〕
晴れの日	3.2
雨の日	7.0

(1) 露点が高いのは，晴れの日，雨の日のどちらか。

〔　　　　　　　　　　〕

(2) 空気中にふくまれる水蒸気量が多いのは，晴れの日，雨の日のどちらか。

〔　　　　　　　　　　〕

5 次の①～④の説明は，日本の春・つゆ・夏・冬のどれにあてはまるか。それぞれ答えなさい。

（各5点×4　**20**点）

① シベリア気団が発達して，西高東低の気圧配置になる。　〔　　　　　〕

② オホーツク海気団と小笠原気団が，日本付近でぶつかり合う。　〔　　　　　〕

③ 小笠原気団が日本付近を長期間にわたっておおっている。　〔　　　　　〕

④ 移動性高気圧と低気圧が交互に日本付近を通過する。　〔　　　　　〕

3 (1)気温が上がると，湿度は低くなる。
(2)晴れの日は，気温の変化が大きく，気圧が高い。

5 ①西に高気圧がはり出し，東に低気圧がある気圧配置である。
②どちらも強い勢力でぶつかり合う。

1 右の図のような機器で，
湿度をはかる。次の問いに
答えなさい。

（各6点×4　**24**点）

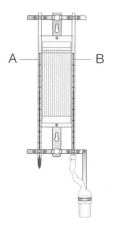

乾球〔℃〕	乾球と湿球の示度の差〔℃〕				
	0	1	2	3	4
15	100	89	78	68	58
14	100	89	78	67	57
13	100	88	77	66	55
12	100	88	76	65	53
11	100	87	75	63	52

(1)　図の機器を何というか。

〔　　　　　　　　　　　〕

(2)　図のA，Bを何というか。
　下の{ }の中から選んで書
　きなさい。　　　A〔　　　　　　〕　B〔　　　　　　　　〕
{　乾球温度計　　湿球温度計　}

(3)　湿球温度計の示度が11.0℃で，乾球温度計の示度が13.0℃のとき，湿度は何％か。
　上の湿度表から求めなさい。　　　　　　　　　　　〔　　　　　　〕

2 右の図のように，質量が720gの直方体を
スポンジの上に置き，置き方をいろいろ変えて，
スポンジのへこみ方を調べた。次の問いに答え
なさい。ただし，100gの物体にはたらく重力
の大きさを1Nとする。　　（各7点×4　**28**点）

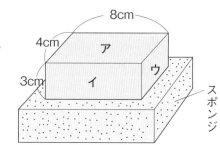

(1)　スポンジが最も大きくへこんだのは，ア～ウ
のどの面を下にしたときか。　　　　　　〔　　　　　　〕

(2)　(1)で答えた最も大きくへこんだ面の面積は何cm²か。〔　　　　　〕

(3)　この直方体がスポンジをおす力は何Nか。　　〔　　　　　〕

(4)　(1)のとき，直方体がスポンジにはたらく圧力は何Pa（1Pa＝1N/m²）か。

〔　　　　　　〕

1 (2)湿球温度計は，球部が水でぬらした
布で包まれている。　(3)乾球と湿球の
差は，13.0℃－11.0℃＝2.0℃である。

2 (1)スポンジに接する面積が小さいほど，
圧力は大きくなる。　(3)スポンジをお
す力は，物体の重さである。

3 右の図のように，懐中電灯の光を当てると，容器の中がくもって見えた。次の問いに答えなさい。

(各8点×3　**24**点)

氷を入れたポリエチレンのふくろ

懐中電灯

ぬるま湯

(1) 次の文の{ }の中から，あてはまることばを選んで書きなさい。

容器の中がくもって見えたのは，容器の中の水蒸気が① { 懐中電灯の光　氷 } によって② { あたためられ　冷やされ }，水滴となったからである。

①〔　　　　　　　　　〕　②〔　　　　　　　　　〕

(2) この実験は，雲，霧のどちらをつくるものか。

〔　　　　　　　　　〕

4 図1は，日本付近のある日の天気図である。次の問いに答えなさい。

(各8点×3　**24**点)

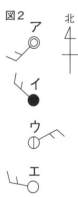

図1

図2

北

ア　イ　ウ　エ

(1) 地点Xの風向，風力，天気はどのようなものと考えられるか。図2のア～エから選び，記号で答えなさい。〔　　　　〕

(2) 風力が最も強い地点を，図1のA～Dから選び，記号で答えなさい。〔　　　　〕

(3) 高気圧の中心付近では，垂直方向と水平方向の空気の流れはどうなっているか。次のア～エから選び，記号で答えなさい。〔　　　　〕

ア　上昇気流　風のふき方　等圧線

イ　下降気流

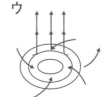

ウ

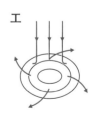

エ

得点UPコーチ

3 霧は，地表近くの水蒸気が冷やされて，水滴になって空気中に浮かんだものである。

4 (1)高気圧の中心から，時計まわりに風が

ふき出ている。　(2)等圧線の間隔がせまいほど，風は強くなる。　(3)高気圧の中心付近では，下降気流が生じる。

定期テスト 対策 問題(6)

1 ある地点で気象観測を行った。次の問いに答えなさい。　(各5点×3 **15**点)

図1　図2

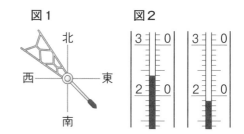

(1) 気象観測を行ったとき，降水はなく，空全体の半分程度が雲でおおわれていた。このときの天気は何か。

〔　　　　　　　　〕

(2) 風の向きを調べたところ，図1のようになった。風向計を真上から見たものとすると，このときの風向は何か。

〔　　　　　　　　〕

(3) 図2は，このときの乾湿計の一部を，右の表は，湿度表の一部を示したものである。湿度は何％か。

乾球の示度〔℃〕	乾球と湿球の示度の差〔℃〕						
	0	1	2	3	4	5	6
25	100	92	84	76	68	61	54
24	100	91	83	75	68	60	53
23	100	91	83	75	67	59	52
22	100	91	82	74	66	58	50
21	100	91	82	73	65	57	49
20	100	91	81	72	64	56	48
19	100	90	81	72	63	54	46
18	100	90	80	71	62	53	44

〔　　　　　　　　〕

2 右のグラフは，気温と飽和水蒸気量の関係を表している。次の問いに答えなさい。

(各5点×5 **25**点)

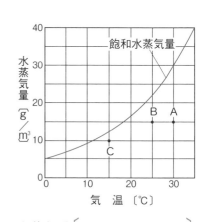

(1) 図のA点，B点，C点の空気のうち，1m³にふくまれている水蒸気量が，最も少ないのはどれか。記号で答えなさい。また，その点の空気の水蒸気量は何g/m³か。

記号〔　　　　　〕　水蒸気量〔　　　　　　　　〕

(2) 図のA点，B点，C点の空気のうち，湿度が最も低いのはどれか。記号で答えなさい。また，その点の空気の湿度は何％か。

記号〔　　　　　〕　湿度〔　　　　　　　　〕

(3) 図のB点とC点の空気では，気温が10℃になったときに生じる水滴が多いのはどちらか。記号で答えなさい。

〔　　　　　　　　〕

3 右の図は，ある日の日本付近の天気図である。
次の問いに答えなさい。

（各6点×3　**18**点）

（1）　図の点線で示した範囲に，等圧線Aの続きをかきなさい。

（2）　図の地点Xでは，風向が西北西で，風力が3，天気はくもりであった。右の図に，風向・風力・天気を天気記号で表しなさい。

（3）　図の前線B付近で見られるのはどのような雲か。下の{　}の中から選んで書きなさい。　　　〔　　　　　　　　　〕

{　巻雲　　高層雲　　積乱雲　　乱層雲　}

北

4 右のA〜Cの天気図は，日本付近におけるいろいろな時期の天気図である。次の問いに答えなさい。

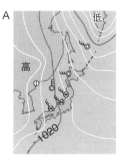
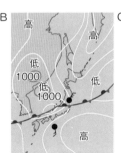

（各6点×7　**42**点）

（1）　A〜Cは，それぞれいつの天気図か。下の{　}の中から選んで書きなさい。

A〔　　　　　　　〕　B〔　　　　　　〕C〔　　　　　　　〕

{　春　　つゆ　　夏　　冬　}

（2）　Aの時期に影響をおよぼす気団は何か。　　　　〔　　　　　　　　　〕

（3）　Bの時期に現れる停滞前線を何というか。　　　〔　　　　　　　　　〕

（4）　Bで前線ができるのは，小笠原気団と何気団がぶつかり合っているためか。

〔　　　　　　　　　〕

（5）　Bの時期の後，しだいに強くなる気団は何か。

〔　　　　　　　　　〕

定期テスト 対策 問題(7) ✏️

1 右の図は，秋のある日，くみ置きの水を
入れた金属製のコップに，氷水を少しずつ
入れ，コップの表面がくもり始めるときの
水温と，そのときの湿度を1時間おきには
かり，グラフに表したものである。次の問
いに答えなさい。 （各5点×2 **10**点）

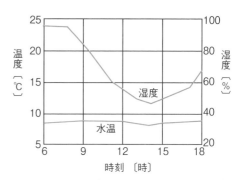

(1) コップの表面がくもり始めるときの温度を何というか。 〔　　　　　　〕

(2) この日の気温の変化のようすを，正しくグラフに表したものを，次のア〜エから
選び，記号で答えなさい。 〔　　　　　　〕

ア 　　　　イ 　　　　ウ 　　　　エ

2 右の表は，気温と飽和水蒸気量の関係を表している。次の問いに答えなさい。

（各7点×4 **28**点）

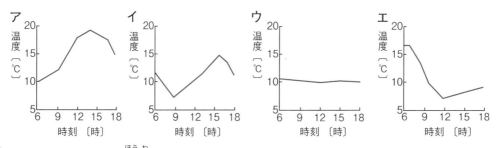

気温〔℃〕	10	15	20	25	30	35
飽和水蒸気量〔g/m³〕	9.4	12.8	17.3	23.1	30.4	39.6

(1) 25℃で，1m³あた
り12.8gの水蒸気を
ふくむ空気がある。

① 25℃では，1m³あたりあと何gの水蒸気をふくむことができるか。

〔　　　　　　〕

② 湿度は何％か。ただし，答えは小数第1位を四捨五入しなさい。

〔　　　　　　〕

(2) 35℃で，1m³あたり23.1gの水蒸気をふくむ空気がある。

① 温度を20℃にすると，1m³あたり，何gの水蒸気が水滴になるか。

〔　　　　　　〕

② ①のとき，湿度は何％か。 〔　　　　　　〕

3 リュックサックに密封された菓子の袋を入れて，高い山に登った。次の問いに答えなさい。 （各5点×2 **10**点）

(1) 山頂に着いたとき，菓子の袋は登る前と比べてどうなったか。次の**ア**〜**ウ**から選び，記号で答えなさい。 〔　　　〕

ア しぼむ。　　**イ** ふくらむ。　　**ウ** 変わらない。

(2) 菓子の袋が，(1)のようになったのは，山頂での空気による圧力の大きさが，登る前と比べてどうなったからか。 〔　　　〕

4 ある地点で，ある日の18時から翌日の8時にかけて，気象観測を行った。右の図は，その観測記録の一部である。この日，前線をともなった低気圧が通り，この地点を温暖前線と寒冷前線が

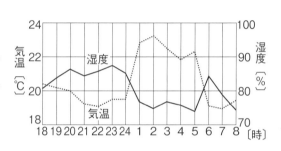

通過した。それぞれの前線が通過したのは何時ごろか。次の**ア**〜**エ**から選び，記号で答えなさい。 （各6点×2 **12**点）

ア 19時ごろ　　**イ** 24時ごろ　　　　　　　　　温暖前線〔　　　〕

ウ 3時ごろ　　**エ** 5時ごろ　　　　　　　　　　寒冷前線〔　　　〕

5 右の図は，ある日の日本付近の天気図である。次の問いに答えなさい。

（各8点×5 **40**点）

(1) 図のような気圧配置がよく現れる季節はいつか。 〔　　　　　　〕

(2) 図のような気圧配置を何というか。 〔　　　　　　〕

(3) この季節に発達している気団は何か。 〔　　　　　　〕

(4) この季節，日本にはどのような風向の季節風がふくか。 〔　　　　　　〕

(5) この季節，太平洋側の湿度は，高い，低いのどちらか。 〔　　　　　　〕

「中学基礎100」アプリ テスト前 5科4択 で,
スキマ時間にもテスト対策！

問題集

アプリ

\ 日常学習 テスト1週間前 /

『中学基礎がため100%』
シリーズに取り組む！

\ 定期テスト直前！ /

テスト必出問題を
「4択問題アプリ」で
チェック！

アプリの特長

『中学基礎がため100%』の
5教科各単元に
それぞれ対応したコンテンツ！
＊ご購入の問題集に対応した
コンテンツのみ使用できます。

テストに出る重要問題を
4択問題でサクサク復習！

間違えた問題は「解きなおし」で,
何度でもチャレンジ。
テストまでに100点にしよう！

＊アプリのダウンロード方法は,本書のカバーそで（表紙を開いたところ）,または1ページ目をご参照ください。

中学基礎がため100%

できた！ 中2理科
生命・地球（2分野）

2021年3月 第1版第1刷発行
2022年7月 第1版第2刷発行

発行人／志村直人
発行所／株式会社くもん出版
〒141-8488
東京都品川区東五反田2-10-2 東五反田スクエア11F
☎ 代表 03(6836)0301
編集直通 03(6836)0317
営業直通 03(6836)0305

印刷・製本／株式会社精興社

デザイン／佐藤亜沙美（サトウサンカイ）
カバーイラスト／いつか
本文イラスト／塚越勉・細密画工房（横山伸省）
本文デザイン／岸野祐美（京田クリエーション）

©2021 KUMON PUBLISHING Co.,Ltd. Printed in Japan
ISBN 978-4-7743-3123-2

落丁・乱丁本はおとりかえいたします。

くもん出版ホームページ https://www.kumonshuppan.com/

＊本書は『くもんの中学基礎がため100% 中2理科 第2分野編』を
改題し,新しい内容を加えて編集しました。

公文式教室では、
随時入会を受けつけています。

KUMONは、一人ひとりの力に合わせた教材で、
日本を含めた世界50を超える国と地域に「学び」を届けています。
自学自習の学習法で「自分でできた!」の自信を育みます。

公文式独自の教材と、経験豊かな指導者の適切な指導で、
お子さまの学力・能力をさらに伸ばします。

お近くの教室や公文式
についてのお問い合わせは

ミン ナ ニ ヒャクテン
0120-372-100

受付時間 9:30〜17:30　月〜金(祝日除く)

都合で教室に通えないお子様のために、
通信学習制度を設けています。

通信学習の資料のご希望や
通信学習についての
お問い合わせは

0120-393-373

受付時間 10:00〜17:00　月〜金(水・祝日除く)

お近くの教室を検索できます　　　くもんいくもん　検索

公文式教室の先生になることに
ついてのお問い合わせは

0120-834-414
くもんの先生　検索

 公文教育研究会

公文教育研究会ホームページアドレス
https://www.kumon.ne.jp/

これだけは覚えておこう

中2理科　生命・地球（2分野）

① 植物のからだのつくりとはたらき

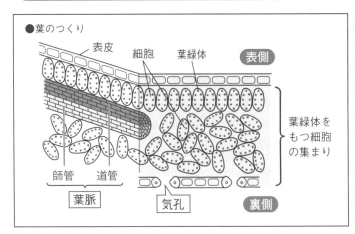

●葉のつくり

表皮　細胞　葉緑体　表側

葉緑体をもつ細胞の集まり

師管　道管

葉脈　気孔　裏側

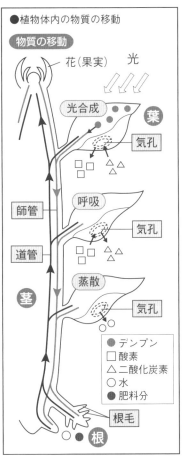

●植物体内の物質の移動

物質の移動

花（果実）　光

光合成　葉

気孔

呼吸　気孔

師管

道管

蒸散　気孔

茎

● デンプン
□ 酸素
△ 二酸化炭素
○ 水
● 肥料分

根毛

根

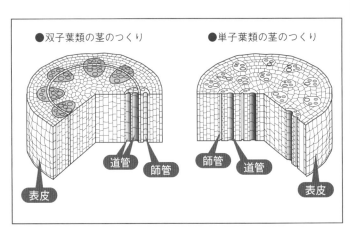

●双子葉類の茎のつくり　　●単子葉類の茎のつくり

道管　師管　　師管　道管

表皮　　表皮

② 細胞のつくり

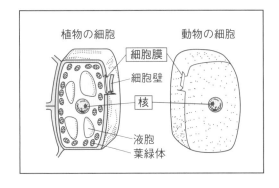

植物の細胞　　動物の細胞

細胞膜
細胞壁
核

液胞
葉緑体

③ 柔毛のつくりとはたらき

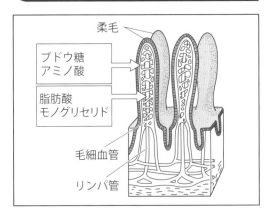

柔毛

ブドウ糖
アミノ酸

脂肪酸
モノグリセリド

毛細血管

リンパ管

中学基礎がため100%

できた！中2理科

生命・地球（2分野）

別冊解答書
答えと考え方

・答えの後の（　　）は別の答え方です。
・記述式問題の答えは例を示しています。内容が合っていれば正解です。

復習ドリル （小学校で学習した「植物」） P.5

❶ ア…葉　　イ…子葉　　ウ…葉
　　エ…茎　　オ…根

❷ (1)　イ
　　(2)　イ
　　(3)　日光
　　(4)　①蒸散　　②根

考え方 (1), (2) デンプンがあると, ヨウ素液は青紫色になる。葉に日光が当たるとデンプンができるが, アルミニウムはくで包んでおくと, 日光がさえぎられるので, デンプンはできない。

単元1　生物のつくりとはたらき

1章 生物と細胞

☑ 基本チェック　　P.7・P.9

① ①植物　　②動物
　③細胞膜　　④核(③④は順不同)
　⑤細胞壁　　⑥液胞　　⑦葉緑体
　(⑤⑥⑦は順不同)
　⑧細胞壁　　⑨細胞膜
　⑩細胞質　　⑪核

② ①単細胞　　②多細胞
　③エネルギー　　④細胞呼吸
　⑤組織　　⑥個体
　⑦細胞　　⑧組織　　⑨器官

③ ①鏡筒上下　　②ステージ上下
　③接眼　　④対物　　⑤反射鏡
　⑥鏡筒　　⑦ステージ　　⑧日光
　⑨接眼レンズ　　⑩反射鏡
　⑪真横(横)　　⑫対物レンズ
　⑬接眼レンズ　　⑭遠ざけ

考え方 ピントを合わせるために, 接眼レンズをのぞきながら, 対物レンズをプレパラートに近づけると, 対物レン

ズを傷つけたり, 対物レンズの先でプレパラートを壊したりすることがある。対物レンズをプレパラートに近づけるときは, 必ず真横から見ながら行う。

④ ①気泡(空気の泡)　　②カバーガラス
　③カバーガラス　　④スライドガラス

基本ドリル 🌱　　P.10・11

1 (1)　細胞膜, 核
　(2)　葉緑体, 液胞, 細胞壁
　(3)　核

考え方 (3) 核は, 細胞に1個あり, 染色液によって染まる。

2 (1)　組織
　(2)　器官

考え方 形やはたらきが同じ細胞の集まりである組織が集まり, 器官をつくっている。

3 (1)　①ウ　　②イ　　③オ
　　④エ　　⑤カ　　⑥ア
　(2)　①日光　　②水平

考え方 直射日光が反射鏡で反射され, レンズを通って目に入ると, たいへん危険である。

4 (1)　接眼レンズ
　(2)　①反射鏡　　②調節ねじ
　(3)　①近づけ　　②遠ざけ
　(4)　①100　　②600

5 (1)　A…スライドガラス
　　　B…カバーガラス
　(2)　ウ
　(3)　ゆっくり下ろすとよい。
　(4)　気泡(空気の泡)

考え方 (4) スライドガラスとカバーガラスの間に気泡(空気の泡)が入ってしまうと, 観察できなくなってしまうことがある。

1
(1) 核
(2) 酢酸カーミン

考え方 (1) 核は染色液によく染まる。
(2) 核は，酢酸カーミンや酢酸オルセインで赤く染まる。

2
(1) B
(2) 多細胞生物

考え方 A…ミドリムシ，B…ミジンコ，
C…ゾウリムシ，D…ミカヅキモで，ミジンコ以外は単細胞生物である。

3
(1) ウ
(2) ①せまくなる。　②暗くなる。

考え方 (2) 倍率を上げると，小さな範囲が大きく見えることになるので，視野はせまくなる。視野がせまくなると，入ってくる光の量が減るので，明るさは暗くなる。

1
(1) 細胞膜
(2) 細胞壁
(3) 細胞の形を保ち，植物のからだを支える。
(4) 核
(5) 細胞質
(6) 葉緑体

考え方 (2)，(3) 細胞壁があるのは，植物の細胞のみである。
(6) 葉緑体は植物の細胞のみにあり，ここで光合成が行われる。

2
(1) イ→ウ→エ→ア
(2) 対物レンズを傷つけたり，プレパラートを破損したりするのを防ぐため。

考え方 (2) 接眼レンズをのぞきながらでは，対物レンズの先が，どの程度プレパラートに近づいているか，わからない。

☑ 基本チェック　　　　　　P.15・P.17

1
(1) ①日光　　②葉緑体　　③道管
④師管　　⑤網状脈　　⑥平行脈
⑦気孔　　⑧孔辺細胞　　⑨酸素
⑩二酸化炭素（⑨⑩は順不同）
⑪光合成　　⑫蒸散
(2) ⑬道管　　⑭師管
⑮葉緑体　　⑯気孔

考え方 (2) 葉脈では，葉の表側に道管が，裏側に師管が通っている。

2
(1) ①デンプン　　②酸素
③光合成
(2) ④光　　⑤二酸化炭素
⑥水　　⑦デンプン　　⑧酸素

考え方 (1) 光合成とは，植物が光を受けて，水と二酸化炭素から，デンプンなどの養分と酸素をつくり出すはたらきである。

3 ①葉の緑色　　②デンプン
③二酸化炭素

考え方 二酸化炭素の有無は，石灰水によって調べることができる。二酸化炭素があると，石灰水は白くにごる。

4 ①デンプン　　②酸素
③とけやすい　　④師管
⑤呼吸　　⑥気孔　　⑦光合成
⑧光合成　　⑨呼吸

考え方 光合成によってできるデンプンは水にとけないので，そのままでは運ぶことができない。そこで，水にとけやすい物質に変えられて，からだの各部に運ばれる。

1 (1)　イ
 (2)　①重なり　　②日光

考え方　植物の葉は，上から見ると交互につ
いている。これは，葉が重なり合っ
てしまうと，下のほうの葉に日光が
当たらず，光合成が行われなくなっ
てしまうからである。

2 (1)　イ
 (2)　オ
 (3)　細胞(さいぼう)

考え方　(2)　図1は，細胞の間にすき間があ
ることから，考える。

3 (1)　ア…日光(光)　　イ…葉緑体
 　　ウ…二酸化炭素　　エ…酸素
 (2)　根
 (3)　昼間

考え方　(3)　植物は昼間など，光の当たると
きだけ光合成を行う。

4 (1)　白くにごる。
 (2)　呼吸
 (3)　対照実験

考え方　(1)，(2)　葉に光が当たっていなかっ
たので，葉では光合成は行われず，
呼吸だけが行われたため，容器内の
二酸化炭素の量が増えた。

1 (1)　葉緑体
 (2)　空気中よりよく燃えた。
 (3)　酸素
 (4)　二酸化炭素
 (5)　青紫色(あおむらさき)
 (6)　ウ
 (7)　デンプン
 (8)　エタノールに引火するのを防ぐため。

考え方　(4)　オオカナダモの葉から出ていた
気体は酸素で，光合成によってつく
られたものである。この実験装置は

密封(みっぷう)されているので，光合成が続く
と，原料となる二酸化炭素が減り，
光合成が行われなくなる。

2 (1)　気孔(きこう)
 (2)　薬品名…ヨウ素液　　色…青紫色

考え方　(1)　光合成や呼吸，蒸散などに関係
する気体は，気孔から出入りする。

3 (1)　A…変化しなかった。
 　　B…白くにごった。
 (2)　①光合成　　②二酸化炭素
 (3)　①タンポポの葉　　②対照実験

考え方　(1)　Aでは光合成が行われ二酸化炭
素が使われるため，実験後に石灰水
を入れてもほとんどにごらない。B
の二酸化炭素の量は変わらないので，
石灰水を入れると白くにごる。

1 (1)　葉緑体
 (2)　記号…カ　　名称(めいしょう)…気孔
 (3)　①酸素　　②二酸化炭素
 　　（①②は順不同）
 　　③水蒸気
 (4)　ウ…葉脈　　オ…表皮

考え方　(4)　表皮は葉の裏側にもあり，葉の
内部を保護している。

2 (1)　B
 (2)　酸素
 (3)　光合成
 (4)　二酸化炭素

考え方　(1)　水を沸騰(ふっとう)させると，水にとけて
いた二酸化炭素が出ていってしまう。
したがって，一度沸騰させた水に水
草を入れても，光合成は行われない。

3 (1)　昼間…B　　夜間…A
 (2)　ア…二酸化炭素
 　　イ…酸素

考え方 (1) 日光が十分に当たっている昼間は、呼吸による気体の出入りよりも、光合成による気体の出入りのほうが多い。反対に、日光が当たらない夜間は、光合成は行われない。この間、呼吸による気体の出入りの量は、光の強さに関係なく、ほぼ一定である。

4 (1) ①日光　②酸素　③水
　　④師管　⑤成長

(2) イ

考え方 (2) ジャガイモのいもの中のデンプンは、再びデンプンとしてたくわえられたもので、発芽や、成長するために使われる。

単元1　生物のつくりとはたらき

3章 根・茎のつくりとはたらき

☑ 基本チェック　P.25・27

① ①主根　②側根　③ひげ根
④根毛　⑤大きく(広く)　⑥水
⑦道管　⑧師管　⑨支え

考え方 根には、土の中の水や肥料分を吸収するほか、植物のからだを支えるはたらきがある。

② (1) ①道管　②師管　③維管束
④輪　⑤全体に散らばっている

(2) ⑥道管　⑦師管　⑧師管
⑨道管　⑩師管　⑪道管
⑫道管　⑬師管

考え方 (1) 茎の中の維管束は、双子葉類は輪のように並んでいるが、単子葉類は全体に散らばっている。

③ ①道管　②茎　③葉
④デンプン　⑤師管

考え方 デンプンは水にとけにくい。

④ ①水　②根　③気孔
④蒸散　⑤裏　⑥多い
⑦水の蒸発　⑧A→B→C→D

考え方 葉の表面にワセリンをぬると、気孔がふさがって蒸散が行われなくなる。気孔は葉の裏側に多く、葉の表側や、わずかに茎にもある。

基本ドリル 🌱　P.28・29

１ (1) ア…主根　イ…側根
ウ…ひげ根

(2) ホウセンカ，エンドウ

(3) 生えている。

考え方 (2) アブラナは双子葉類、イネは単子葉類である。双子葉類の根は主根と側根からなり、単子葉類の根はひげ根である。

２ (1) ア…道管　イ…師管

(2) 維管束

(3) 葉脈

考え方 赤く染まったすじは、吸収した水が通った管である。葉脈は道管と師管が集まった維管束からなる。

３ (1) トウモロコシ

(2) オ

(3) 記号…イ　名称…師管

(4) 単子葉類

考え方 (2) 維管束の中の太い管のほうが道管である。双子葉類の道管は茎の内側、師管は表皮側にある。

(4) 維管束が茎全体に散らばっているのは、単子葉類の特徴である。

４ (1) 気孔をふさいで蒸散を防ぐため。

(2) B→A→C

(3) 気孔

考え方 (2) 気孔は葉の表側にもあるが、裏側のほうが多いため、すべての葉の裏側にワセリンをぬったほうが、蒸散による水の減り方は小さくなる。

練習ドリル 🌱　　　　　　　　P.30・31

1 (1) A…根　　B…茎　　C…葉
　　(2) A…①イ，根毛　　②エ，道管
　　　　B…①カ，師管　　②キ，道管
　　　　C…①シ，師管　　②コ，気孔
2 (1) ①○　　②内側
　　(2) ○
　　(3) 裏側
　　(4) とけやすい
考え方 (4) 水にとけないと，からだ全体に
　　運ぶことができない。
3 (1) 根毛
　　(2) イ…道管　　ウ…師管
　　(3) ウ
　　(4) イ
　　(5) 呼吸
考え方 (5) 呼吸は，根でも行われている。
　　よく耕した土で育てると，植物の成
　　長がよくなるのは，土の中に空気が
　　入りやすくなるからである。

発展ドリル 🌿　　　　　　　　P.32・33

1 (1) ア…師管　　イ…道管
　　(2) 維管束
　　(3) ①ア　　②イ
　　(4) アサガオ，アブラナ
考え方 (4) ホウセンカは双子葉類，イネと
　　ツユクサは単子葉類である。

2

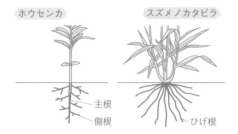

ホウセンカ	スズメノカタビラ
主根	
側根	ひげ根

考え方 ホウセンカは双子葉類なので，主根
　　と側根からなる。スズメノカタビラ
　　は単子葉類なので，ひげ根である。
3 (1) B…呼吸　　C…蒸散
　　(2) ⓐ…デンプン　　ⓑ…酸素
　　　　ⓒ…二酸化炭素　　ⓓ…水
　　(3) 水にとけやすい性質
　　(4) 肥料分（無機養分，養分）
　　(5) ①い　　②道管
　　　　③ない。　　④葉
考え方 (2) 光合成と呼吸では，出入りする
　　気体が反対になる。

まとめのドリル　　　　　　　P.34・35

1 (1) 葉緑体，日光
　　(2) 葉にあったデンプンをなくすため。
　　(3) できていなかった。
考え方 (1) ふ入りの部分には葉緑体がない。
　　葉緑体がないところと日光が当たら
　　なかったところでは，デンプンがで
　　きなかったので，光合成には，この
　　２つが必要であることが確かめられ
　　る。
2 (1) 二酸化炭素
　　(2) 酸素
　　(3) 光合成による気体の出入り。
考え方 (3) 昼間は光合成と呼吸の両方が行
　　われているが，光合成による気体の
　　出入りのほうが多い。
3 (1) A
　　(2) 表皮
　　(3) 葉緑体
　　(4) ケ
　　(5) 記号…カ　　管の名称…師管
考え方 (1) 表側は細胞がすき間なく並んで
　　いる。

❹ (1) 葉

(2) 蒸散

(3) 単子葉類

(4) 図3

(5) エ

考え方 (4) ホウセンカは双子葉類なので，維管束が輪のように並んでいる。

定期テスト対策問題(1) P.36・37

❶ (1) 脱色される（うすくなる）。

(2) A…ア　　B…エ

(3) デンプン

(4) A…日光　　B…葉緑体

考え方 (4) デンプンができたのは，ふではない（葉緑体がある）部分のうち，日光が当たったところである。

❷ (1) どの葉にも日光がよく当たる。

(2) 重なり合わないように（同じように）ついている。

考え方 (1) より多くの葉に日光が当たることで，さかんに光合成が行われ，よく成長することができる。

❸ (1) 二酸化炭素

(2) 呼吸

(3) 光合成

(4) 袋の中の気体の変化が，シロツメクサの葉のはたらきによることを確かめるため。

考え方 (3) 袋ウは明るい場所に置いたため，シロツメクサが光合成を行い，袋の中の二酸化炭素が使われた。

❹ (1) A…二酸化炭素　　B…酸素

(2) 光（日光）

(3) 気孔

(4) 根

考え方 (3) 呼吸や光合成，蒸散に関係する気体は，葉の裏側に多く見られる気孔という細胞のすき間から出入りする。

定期テスト対策問題(2) P.38・39

❶ (1) 蒸散

(2) 気孔

(3) 二酸化炭素

(4) 酸素

(5) 記号…B　　名称…葉緑体

(6) 図1…E　　図2…ウ

考え方 (5) 植物の細胞でも，葉緑体をもたない細胞では，光合成は行われない。

❷ (1) A…葉緑体　　B…細胞膜
C…細胞壁

(2) 記号…A　　名称…葉緑体

記号…C　　名称…細胞壁

(3) 酢酸カーミン

考え方 (2) 葉緑体，細胞壁，液胞は植物の細胞にしか見られない。

❸ (1) ア…ひげ根　　イ…側根

(2) 根毛

(3) 水

(4) 記号…ウ　　名称…道管

(5) 図2

考え方 (5) 図3は維管束が輪のように並んでいることから，双子葉類であることがわかる。双子葉類の根は，主根と側根からなる。

❹ (1) 図1…ア　　図2…エ

(2) 維管束

考え方 (1) 葉でつくられた養分は，師管を通って運ばれる。師管は，維管束の表皮側にある。

7

1 (1) A
(2) ウ

2 (1) A…胃　　B…小腸
(2) 消化管
(3) 小腸

3 (1) 記号…A　　名称…心臓
(2) ア

単元2　動物のからだと行動

4章 消化と吸収

☑ **基本チェック**　　P.43・P.45

1 (1) 有機物
(2) デンプン(炭水化物)，脂肪，タンパク質
(3) タンパク質

考え方 (3) タンパク質は，おもにからだをつくる原料となり，一部はエネルギー源に使われる。デンプン，脂肪は，生きるためのエネルギー源になる。

2 (1) 消化酵素
(2) イ
(3) 決まった物質だけにはたらく。

考え方 (3) 消化酵素は，それぞれ決まった物質だけにはたらく。

3 (1) ①ブドウ糖
②脂肪酸，モノグリセリド
③アミノ酸
(2) アミラーゼ
(3) ペプシン

考え方 (2) デンプンは，まず，だ液にふくまれるアミラーゼによって分解される。
(3) タンパク質は，胃液にふくまれるペプシンと，すい液中のトリプシンなどによって分解される。

4 (1) 小腸
(2) 柔毛(じゅうもう)
(3) ①毛細血管　②リンパ管

考え方 (1)，(2) 消化された養分は，小腸の柔毛で吸収される。
(3) ブドウ糖とアミノ酸は毛細血管，脂肪酸とモノグリセリドは再び脂肪となってリンパ管に入る。

5 (1) 血液
(2) 酸素
(3) エネルギー

考え方 (2)，(3) 細胞(さいぼう)は，養分を酸素を使って分解し，エネルギーをとり出す。

6 ①肺胞(はいほう)　②酸素　③二酸化炭素

基本ドリル 🌱　　P.46・47

1 (1) ①胃　②小腸　③大腸
(2) 消化管
(3) ①胃　②小腸

考え方 (3) ①胃に出される消化液は胃液である。胃液にはペプシンという消化酵素がふくまれていて，タンパク質を別の物質に分解する。

2 (1) ア…胃液　　イ…すい液
(2) X…タンパク質　　Y…デンプン
Z…脂肪
(3) A…アミノ酸　　B…ブドウ糖
C…脂肪酸，モノグリセリド

考え方 (1) アの消化液はタンパク質だけにはたらきかける胃液である。イはデンプン，脂肪，タンパク質すべての物質にはたらきかけていることから，すい液である。
(2) Yはだ液によって分解されていることから，デンプンである。Zは消化されてできる物質が2つあることなどから，脂肪とわかる。
(3) Yのデンプンは，まず，だ液のはたらきによって麦芽糖(ばくがとう)などに分解

され，消化管を通るうちにブドウ糖にまで分解される。ご飯をかんでいると甘く感じるのは，このだ液のはたらきによるものである。

3 (1) 小腸
(2) 柔毛（じゅうもう）
(3) 非常に大きくなっているから。

考え方（1）養分を吸収する器官は小腸である。
（3）小腸には柔毛があるため，小腸の内側の表面積が非常に大きくなり，接触（せっしょく）する部分が多くなって，養分の吸収が効率よくできるようになっている。

4 (1) A…酸素　　B…二酸化炭素
(2) エネルギー

5 (1) A…気管　　B…気管支
　　C…肺胞（はいほう）
(2) 毛細血管

考え方（2）酸素や二酸化炭素などのやりとりは，肺胞をとり囲んでいる毛細血管中の血液と，肺胞中の空気の間で行われる。

練習ドリル 🌱　　P.48・49

1 (1) B…肝臓（かんぞう）　　C…大腸
　　D…食道　　E…胃
　　F…すい臓　　G…小腸
(2) A…だ液　　E…胃液
(3) ①小腸　　②肝臓　　③大腸
(4) タンパク質
(5) 養分を吸収する。

考え方（4）胃液はタンパク質だけ分解する。胃には，口からのだ液も入るが，だ液は胃液に混じると，はたらきが失われるため，デンプンは消化されない。
（5）養分は小腸の柔毛で吸収される。

2 (1) 糖（麦芽糖）（ばくがとう）
(2) 消化酵素（こうそ）

考え方（1）ベネジクト液は，糖を検出する指示薬である。糖をふくむ液体に入れて加熱すると，赤かっ色の沈殿（ちんでん）を生じる。

3 (1) 二酸化炭素
(2) エネルギー
(3) 小腸
(4) 血液
(5) 肺
(6) 受ける。

考え方（6）このようなはたらきを細胞呼吸（さいぼう）という。

4 (1) ①気管　　②肺胞
(2) B
(3) C

発展ドリル 🌱　　P.50・51

1 (1) 炭素（有機物）
(2) デンプン（炭水化物），脂肪（しぼう）

考え方（1）食物中のおもな養分であるデンプン（炭水化物），脂肪，タンパク質は有機物である。有機物は炭素をふくむ物質である。

2 (1) E
(2) D
(3) 赤かっ色
(4) ①デンプン　　②糖（麦芽糖）
(5) ヒトの体温

考え方　Aはデンプンがだ液によって糖に変えられていて，デンプンはない。Bはデンプンのままである。
（1）デンプンはヨウ素液と反応して青紫色（あおむらさき）になるから，デンプンがあり，ヨウ素液を加えたものを選ぶ。
（2），（3）ベネジクト液は糖と反応して赤かっ色の沈殿を生じるから，糖があるほうを選ぶ。
（5）この実験は，だ液のはたらきを調べる実験である。消化酵素は，ヒトの体温くらいの温度でよくはたら

3 (1) 肝臓

(2) ア…だ液　　イ…すい液

(3) 胆汁

(4) X…ブドウ糖　　Y…アミノ酸

(5) 柔毛

(6) リンパ管

(7) ブドウ糖，アミノ酸

考え方 (3) だ液はアミラーゼ，胃液はペプシン，すい液はアミラーゼ，リパーゼ，トリプシンなどの消化酵素をふくんでいる。小腸の壁にも，いろいろな消化酵素がある。

4 (1) 走り終わった直後

(2) 酸素

考え方 走ったり，激しい運動をしたりするときは，多くのエネルギーを必要とするため，呼吸の回数を多くすることで，酸素を多くとり入れようとする。

単元2　動物のからだと行動

5章 血液の循環と排出

☑ 基本チェック　　P.53・P.55

① (1) ①血管　　②動脈　　③静脈

(2) ①動脈　　②厚

(3) ①静脈　　②うす　　③弁

(4) ①毛細血管　　②動脈　　③静脈

(5) 心臓

(6) ①肺循環　　②二酸化炭素
　　③酸素

(7) ①右心室　　②左心房

(8) ①体循環　　②酸素
　　③不要な物質

(9) ①左心室　　②右心房

(10) 動脈血

(11) 静脈血

② (1) 赤血球，白血球，血小板

(2) 赤血球

(3) 血小板

(4) 血しょう

(5) 白血球

(6) ①血しょう　　②細胞

考え方 (1) 赤血球，白血球，血小板は固形成分，血しょうは液体成分である。

③ (1) A…じん臓　　B…輸尿管
　　C…ぼうこう

(2) 尿素

(3) 塩分

考え方 (2) 肝臓は，養分をたくわえるはたらきをするほか，アンモニアなどの有害な物質を，尿素などの害の少ない物質に変えるはたらきもする。じん臓は，尿素などの不要な物質を排出する器官である。

基本ドリル 🌱　　P.56・57

① (1) 心臓

(2) 動脈

(3) 静脈

(4) 動脈…ア　　静脈…エ

(5) 毛細血管

(6) B

(7) C

(8) A，D

(9) E…大静脈　　F…大動脈
　　G…肺動脈　　H…肺静脈

考え方 (2)～(4) 動脈は，心臓から送り出される血液が流れる血管，壁は厚く弾力がある。静脈は，心臓にもどる血液が流れる血管，壁はうすく逆流を防ぐための弁がついている。

(5) 動脈はしだいに細かく枝分かれしていき，非常に細い毛細血管になる。毛細血管は再びより集まって，静脈になる。

② (1) A…白血球　　B…血小板

10

C…赤血球　　　D…血しょう

(2) ①血しょう　　②赤血球

3 (1) 血しょう

(2) A…二酸化炭素　　B…酸素

考え方 (2) Aは，細胞から血液にわたされる物質だから，二酸化炭素である。Bは，赤血球が運んできた物質だから，酸素である。

4 (1) 肝臓(かんぞう)

(2) 尿素(にょうそ)

(3) じん臓

考え方 タンパク質を分解するときにできる有害な物質は，アンモニアである。アンモニアは，肝臓で無害な尿素につくり変えられて，じん臓でこしとられた後，尿として排出(はいしゅつ)される。

練習ドリル 🌱　　P.58・59

1 (1) ①肺静脈　　②酸素
③二酸化炭素

(2) ①大動脈(動脈)
②酸素，養分
③二酸化炭素，不要な物質

(3) ①動脈血　　②肺

考え方 (1) Aは，肺から血液が心臓にもどる血管(静脈)だから，肺静脈である。
(2) 血液は，体循環(たいじゅんかん)で全身の細胞にエネルギーをつくり出す原料となる酸素と養分を与(あた)え，エネルギーをつくり出すときに出る二酸化炭素や不要な物質を受けとっている。
(3) 肺静脈を流れる血液は，肺で酸素を受けとった血液(動脈血)である。また，全身で二酸化炭素を受けとった血液(静脈血)は，心臓にもどった後，肺へ送り出される。

2 (1) 血球

(2) 記号…C　　名称(めいしょう)…赤血球

(3) ヘモグロビン

(4) 酸素

(5) 養分(栄養分)

考え方 Aは血小板，Bは白血球，Cは赤血球である。
(1) A〜Cのような固形成分を血球という。
(4)，(5) 酸素は赤血球中のヘモグロビンによって運ばれるが，養分，二酸化炭素などの不要な物質は，血しょうによって運ばれる。

3 (1) じん臓

(2) ぼうこう

(3) 輸尿管

(4) 尿素…✕　　アミノ酸…○
ブドウ糖…○

考え方 (1) じん臓は，血液中から不要な物質をこしとり，必要な物質を再び吸収する。
(4) 尿素は，アンモニアからつくられた不要な物質，アミノ酸やブドウ糖は，養分となる物質である。

発展ドリル 🌱　　P.60・61

1 (1) ①名称…毛細血管　　記号…ウ
②名称…動脈　　記号…ア
③名称…静脈　　記号…イ

(2) ①動脈　　②毛細血管　　③静脈

考え方 心臓から送り出される血液には，高い圧力が加わっているので，動脈は厚く弾力(だんりょく)がある。

2 (1) イ

(2) ウ

(3) A，B

考え方 血液の流れの道筋は，心臓→A→肺→C→心臓→D→B→心臓である。

3 (1) 組織液

(2) A…酸素，ブドウ糖など
B…二酸化炭素，アンモニアなど

考え方 養分や酸素は，血液からからだの細胞にわたされて使われる。このとき発生する二酸化炭素などの不要な物

質は，細胞から血液にわたされる。この物質の交換のなかだちをするのが，組織液である。

4 (1) じん臓
(2) 尿素（にょうそ）
(3) 肝臓（かんぞう）
(4) 輸尿管
(5) ぼうこう

考え方 (2) 血液は，動脈からじん臓に入り，血液中の尿素などの不要な物質がこしとられた後，静脈へ出ていく。

単元2 動物のからだと行動

6章 刺激と反応

☑ 基本チェック　　　P.63・P.65

① (1) ①感覚　②目　③耳
④鼻　⑤舌　⑥皮膚（ひふ）
(2) ア…こうさい　イ…レンズ
ウ…ひとみ　エ…網膜（もうまく）
(3) こうさい
(4) ア…鼓膜（こまく）　イ…耳小骨
ウ…うずまき管
(5) うずまき管

考え方 (3) 明るいところではひとみがせばまり，暗いところではひとみが広がる。これは，こうさいがのび縮みして，目に入る光の量を調節しているからである。

---

② (1) ①神経系　②中枢（ちゅうすう）
③感覚神経　④運動神経
⑤末しょう　⑥反射
(2) ①ア　②イ
(3) ア，ウ

考え方 (2) 意識して行動するときは，脳が関係している。
(3) イは，意識して行動している。

---

3 ①筋肉　②関節

基本ドリル 🌱　　　P.66・67

1 (1) こうさい
(2) ①記号…C　名称…レンズ（めいしょう）
②記号…E　名称…網膜

考え方 (1) こうさいは，目に入る光の量を調節する部分である。

2 (1) 感覚神経
(2) 脳
(3) せきずい
(4) 中枢神経
(5) 運動神経
(6) 末しょう神経

考え方 (4), (6) 脳とせきずいは，刺激の信号を受けて判断し，行動の命令を出す。これをまとめて中枢神経という。これに対して，感覚神経と運動神経などをまとめて末しょう神経という。（しげき）

3 (1) 音
(2) 鼓膜
(3) ①耳小骨　②うずまき管

考え方 (3) うずまき管には音の刺激を受けとる細胞があり，耳小骨から伝わった音の刺激（振動）を信号に変えて，聴神経に伝える。（しんどう）（ちょうしんけい）

4 (1) A…縮んでいる。
B…ゆるんでいる。
(2) 縮む。
(3) C…けん　D…関節

考え方 (1) Aの筋肉が縮むとうでが曲がり，Bの筋肉が縮むとうでがのびる。

練習ドリル 🍀　　　P.68

1 (1) ①せきずい　②運動神経
(2) イ

考え方 (2) アは脳が音や光の刺激の信号を感じて，感情の精神活動を行い，脳の命令によって拍手の行動が起こる。（はくしゅ）

ウは脳が光の刺激の信号を判断し、命令を出すことによって起こる。イは無意識に起こる反応で、この反応における命令の信号は、意識に関係した脳から出されたものではない。

2 (1) ①脳　②せきずい（①②は順不同）
　(2) ①骨格　②筋肉

考え方 運動は、中枢神経の命令によって、ふつう、骨格と筋肉がはたらき合って起こる。

発展ドリル 🌱　　　P.69

1 (1) B…感覚神経　E…運動神経
　(2) 感覚器官
　(3) ①C　②記号…C　名称…脳
　　　③B…イ　E…ウ

考え方 (1) Bは、皮膚（感覚器官）と脳やせきずいをつなぐ神経、Eは、筋肉（運動器官）と脳やせきずいをつなぐ神経である。
　(3) Aから温度（熱）の刺激がB、Dを経由してCに伝わり、脳が冷たいと感じとる。そこで、脳は手をはなせという命令を出し、その信号がD、Eを経由してFに伝わる。

2 (1) 縮む。
　(2) 脳
　(3) 運動神経

考え方 (1) Aの筋肉は、うでを曲げるときに縮む。
　(2) 刺激を判断して、命令を出すのは、脳のはたらきである。
　(3) 脳からの命令を、うでの筋肉などの運動器官に伝える神経を、運動神経という。

まとめのドリル　　①P.70・71

1 (1) 反射
　(2) イ
　(3) A…感覚神経　E…運動神経
　(4) 中枢神経

考え方 (2) この反応は反射であるから、刺激の信号は脳を経由しない。

2 (1) イ
　(2) 肺胞
　(3) 酸素
　(4) 二酸化炭素

考え方 (3)、(4) 肺胞では、二酸化炭素が出され、酸素がとり入れられる。

3 (1) ア
　(2) C
　(3) 肺
　(4) 赤血球

考え方 (1) Bは、大静脈で、血液が全身から心臓にもどってくる血管である。
　(2) 養分は小腸で血液中にとり入れられるから、小腸を通過した後の血液中に、養分が最も多くふくまれている。

まとめのドリル　　②P.72・73

1 (1) 肺動脈
　(2) 肺静脈
　(3) ①肺循環　②体循環
　(4) 酸素
　(5) ア・ウ…静脈血　イ・エ…動脈血
　(6) ①血液　②逆流

考え方 アが大静脈だから、全身からの血液はここから心臓に入り、ウを通って肺へ送り出され、エを通って心臓に入り、イから全身に送り出される。
　(4) ウを流れる血液は、心臓から肺へ向かう酸素の少ない血液、イを流れる血液は、心臓から全身に向かう酸素の多い血液である。

2 (1) イ

(2) 記号…C　色…青紫色

(3) 記号…B　色…赤かっ色

(4) 糖(麦芽糖)に変える。

考え方▶(1)　だ液による消化のはたらきの実験であるから，消化酵素がよくはたらく温度，つまりヒトの体温に近い温度にして実験をする。

(2)，(3)　A，Bは，デンプンがだ液によって分解されている。

3 (1) けん

(2) ア

(3) 脳

考え方▶(1)　Xの部分は，筋肉を骨につなぐ部分である。

(3)　リンゴを食べようとするのは，意識的な行動であるから，脳の命令によって起こる。

定期テスト対策問題(3) P.74・75

1 (1) A…肉食動物　　B…草食動物

(2) B

考え方▶(1)　Aの目は前向きについていることから，肉食動物であることがわかる。

(2)　植物には，消化しにくい繊維質が多くふくまれているため，草食動物の腸は，ふつう肉食動物に比べて長い。

2 (1) 記号…A　名称…こうさい

(2) 大きくなる。

(3) 記号…E　名称…網膜

(4) 脳

考え方▶(2)　暗いところでは光の量が少ないため，受けとる光の量を増やそうとする。このため，ひとみは大きくなる。

(3)　外から入ってきた光は，レンズを通って網膜上に像を結ぶ。

(4)　刺激の信号を感じて命令を出す

のは，脳である。

3 (1) 青紫色

(2) 糖(麦芽糖)

(3) 消化酵素

考え方▶(1)　ヨウ素液は，デンプンに反応して青紫色に変化する。

(2)　ベネジクト液は，糖に反応して赤かっ色の沈殿ができる試薬である。

4 (1) 血小板

(2) ヘモグロビン

(3) C

(4) D

考え方▶(1)，(4)　血小板は，出血したときに血液を固めるはたらきがある。

(2)　赤血球にふくまれる物質をヘモグロビンという。赤血球が酸素を運ぶことができるのは，ヘモグロビンが，酸素の多いところでは酸素と結びつき，酸素の少ないところでは酸素をはなす性質があるためである。

1
(1) A…酸素　　B…水
(2) 血液
(3) 運動後
(4) 肺胞
(5) 表面積が大きくなり，酸素と二酸化炭素が効率よく入れかわる。

考え方 (4) Xは気管支の先で袋状(ふくろじょう)になったもので，ここで気体の交換(こうかん)をしている。

2
(1) 尿素(にょうそ)
(2) 肝臓(かんぞう)
(3) ぼうこう

3
①目　②舌　③耳
④鼻　⑤皮膚(ひふ)

考え方 それぞれ，光，味，音，においなどの決まった刺激(しげき)を受けとる特別な細胞(ぼう)がある。皮膚は，物にふれた刺激を受けとる部分や，冷たさや熱さ，痛さなどの刺激を受けとる部分がある。

4
(1) Y
(2) イ
(3) 肝臓
(4) あ

考え方 (1) え，おが動脈，いが静脈である。
(2) 酸素は肺でとり入れられて，からだの各部の細胞で使われる。
(4) あの血管は，心臓から送り出す血液が流れる動脈であるが，肺に入る前なので，静脈血が流れている。

1
(1) せきずい
(2) 運動神経
(3) ア
(4) ウ
(5) 反射

考え方 (1) せきずいは背骨の中にあり，脳と感覚神経や運動神経をつなぐ役目をしている。
(3) 皮膚で受けとったかゆさを脳で感じとり，うでの筋肉を動かす命令を出して手でかく。
(4)，(5) 無意識に起こる反射の反応である。反射のときに命令を出すのは，せきずいである。

2
(1) 小腸
(2) リンパ管
(3) ブドウ糖，アミノ酸

考え方 (1) 柔毛(じゅうもう)は小腸の内側の壁(かべ)に見られる突起(とっき)で，養分を吸収するはたらきをしている。
(2)，(3) 柔毛の毛細血管には，ブドウ糖とアミノ酸が吸収され，リンパ管には，脂肪酸(しぼうさん)とモノグリセリドが，柔毛内で再び脂肪となって吸収される。

3
(1) 肺動脈
(2) 肺静脈
(3) 二酸化炭素
(4) イとエ
(5) ①ウ　②ア　③エ　④イ
(6) 血液の逆流を防ぐ。

考え方 (4) 血液は，肺で酸素を受けとり，二酸化炭素をわたす。
(5) 全身から心臓にもどる血液は，細胞に酸素と養分をわたし，二酸化炭素などの不要な物質を受けとった血液である。

4
(1) 関節
(2) けん
(3) A

考え方 (1) 運動をするときに，関節の部分で骨格を曲げている。
(3) うでを曲げるとき，うでの内側の筋肉が縮み，外側の筋肉がゆるむ。

1
(1) ①晴れ ②雨
(2) イ

2
(1) ①西 ②東
(2) 西

3 イ

単元3 気象
7章 気象観測と天気

☑ 基本チェック P.83・P.85

①
(1) 雲量
(2) ①くもり ②快晴 ③晴れ
(3) ①風向 ②16
③風力 ④13

②
(1) 湿度（しつど）
(2) 乾球温度計（かんきゅう）
(3) 低い。
(4) 82%

③
①圧力 ②面を垂直におす力
③力がはたらく面積
④パスカル ⑤Pa
⑥ニュートン毎平方メートル
⑦N/m² （④⑤と⑥⑦は，順不同）
⑧4 ⑨大気 ⑩大気圧（気圧）
⑪hPa ⑫100
⑬低く ⑭1013 ⑮1

④
①高く ②低く
③下がり ④上がる ⑤小さく
⑥高い ⑦雨 ⑧晴れ

1
(1) ①1 ②○
(2) ①

考え方(1) ①雲量は，空全体を10としたときの雲がしめる割合で表す。図の雲の量は1割くらいなので，雲量は1になる。

2 ①北北西 ②東南東

考え方 ふき流しは，風がふいていく方向になびくので，風向（風がふいてくる方向）は，ふき流しのなびいている方向と反対になる。

3
(1) 88%
(2) 55%

考え方(1) 乾球温度計の示度が12の行と，乾球と湿球の差が1の列との交点の値を読みとる。
(2) 乾球温度計の示度が13の行と，乾球と湿球の差が4の列との交点の値を読みとる。

4
(1) 1.2g
(2) 大気圧（気圧）
(3) 低くなる。

考え方(1) つめられた空気の分だけ，質量は増える。
(3) 山に登ると耳がつんとしたり，上空を飛ぶ飛行機の中では，菓子（かし）の袋（ふくろ）がふくらんだりするのは，地表付近よりも，気圧が低いからである。

5
(1) 14時ごろ
(2) ①下がり ②上がる

考え方(1) 気温が最高になる時刻は，太陽高度が最高になる時刻（正午ごろ）よりも，少しおくれる。

6
(1) 雨の日
(2) くもりや雨

考え方(1) くもりや雨の日は，気温や湿度の変化が小さい。

1 (1) ①9割　　②1割　　③5割
　　(2) ①◎　　②○　　③◖

2 (1) 風船内の圧力
　　(2) ふくらむ。
　　(3) もとの大きさにもどる。
考え方▶(1) 容器内の空気をぬいていっても，
　　　　風船内の空気の量は変わらない。
　　　　(2) 風船内の気圧のほうが大きくな
　　　　るので，風船がふくらむ。

3 (1) 24.0℃
　　(2) 83%
　　(3) 100%
考え方▶(1) 気温は乾球温度計の示度になる。
　　　　(2) 気温が24℃で，乾球と湿球の
　　　　差が2℃なので，湿度表から読みと
　　　　ると83%になる。
　　　　(3) 乾球と湿球の差が0℃のときは，
　　　　湿度は100%になる。

4 (1) 晴れ
　　(2) 最高…正午過ぎ　　最低…明け方
　　(3) 雨の日
考え方▶(1) 気温と湿度の変化が大きいので，
　　　　晴れと考えられる。
　　　　(2) 9月17日のグラフから，正午過
　　　　ぎに最高になり，明け方のころ最低
　　　　になっている。
　　　　(3) 9月16日のように，気温や湿度
　　　　の変化が小さい日は雨と考えられる。

1 ①◖　　②○　　③◎
考え方▶①雲量は5くらいなので，天気は晴
　　　　れになる。
　　　　②雲量は1くらいなので，天気は快
　　　　晴になる。
　　　　③雲量は9くらいなので，天気はく
　　　　もりになる。

2 (1) 東北東
　　(2) ア…北北西　　イ…東南東
考え方▶(1) ふき流しは，風がふいていく方
　　　　向になびく。

3 (1) 67%
　　(2) 低い。
考え方▶(1) 乾球温度計の示度が14の行と，
　　　　乾球と湿球の差が3の列との交点の
　　　　値を読みとる。
　　　　(2) 湿度表からもわかるように，乾
　　　　球と湿球の差が大きいほど，湿度は
　　　　低い。湿球温度計の球部は，水でぬ
　　　　れた布で包まれていて，水が蒸発す
　　　　るときに熱をうばわれる。まわりの
　　　　湿度が低いほど，多くの水が蒸発す
　　　　るので，より多くの熱がうばわれ，
　　　　乾球温度計と湿球温度計の示度の差
　　　　が大きくなる。

4 (1) A…湿度　　B…気温　　C…気圧
　　(2) 雨の日
　　(3) ①大きく　　②小さく　　③高い
考え方▶(1) まず，AとBが逆の変化を示し
　　　　ていることから，気温と湿度はAと
　　　　Bのどちらかになることがわかる。
　　　　晴れの日の気温は，明け方が最低で，
　　　　正午過ぎに最高になることから，B
　　　　が気温の変化を示し，Aが湿度の変
　　　　化を示していることがわかる。
　　　　(2) 気温と湿度の変化が大きい，ア
　　　　とウが晴れの日である。

5 (1) 小さくなる。
　　(2) 大気圧(気圧)
　　(3) はたらいている。
考え方▶(1), (2) ペットボトルの中と外側の
　　　　圧力が同じならば，ペットボトルは
　　　　つぶれない。ペットボトルの中の圧
　　　　力が小さくなると，ペットボトルは，
　　　　外側からの力を受けて，つぶれる。

8章 空気中の水蒸気と雲

☑ 基本チェック
P.93・P.95

① ①飽和水蒸気量　②露点

② (1)　大きくなる。
(2)　低い。

考え方 飽和水蒸気量は，気温によって変化する。

③ (1)　温度
(2)　①87%　　②100%　　③57%

考え方 (2)　① $\dfrac{20\text{g/m}^3}{23.1\text{g/m}^3} \times 100 = 86.5\cdots\%$

　　③ $\dfrac{5.4\text{g/m}^3}{9.4\text{g/m}^3} \times 100 = 57.4\cdots\%$

---

④ (1)　水滴，氷の粒
(2)　①膨張　　②下　　③露点
(3)　①膨張　　②下

⑤ (1)　霧
(2)　雨
(3)　雨
(4)　降水
(5)　太陽のエネルギー

基本ドリル 🌱
P.96・97

1 (1)　13.1g
(2)　20℃
(3)　7.9g

考え方 (1)　30℃での飽和水蒸気量は30.4g/m³なので，1m³あたり
30.4g−17.3g=13.1g
の水蒸気をふくむことができる。
(2)　飽和水蒸気量が17.3g/m³になるときの気温を，グラフから読みとる。
(3)　10℃での飽和水蒸気量は9.4g/m³なので，1m³あたり
17.3g−9.4g=7.9g
の水蒸気が水滴になる。

2 (1)　10個
(2)　①6個　　②60%　　③60%
(3)　75%

考え方 (2)　①丸の印1個は水蒸気2gを表すので，水蒸気12gは12÷2=6個の丸の印で表される。

② $\dfrac{6個}{10個} \times 100 = 60\%$

③ $\dfrac{12\text{g}}{20\text{g}} \times 100 = 60\%$

(3)　$\dfrac{15\text{g}}{20\text{g}} \times 100 = 75\%$

3 (1)　膨張する。
(2)　低くなる。
(3)　高くなる。
(4)　水蒸気

考え方 引いたピストンをおすと，雲のように見えるものは消える。これは，ピストンをおすと，フラスコ内の空気が圧縮されて，気圧が高くなり，フラスコ内の温度が高くなって，飽和水蒸気量が大きくなるので，水滴が水蒸気になるからである。

4 (1)　太陽
(2)　水蒸気
(3)　氷の粒(氷の結晶)
(4)　雲
(5)　雨，雪

考え方 水の循環や大気の動きを起こすもととなっているのは，太陽の光のエネルギーである。

練習ドリル 🌱
P.98

1 (1)　低くなる(下がる)
(2)　①下がり(低くなり)　　②露点
(3)　①下がり(低くなり)
　　②0　　③氷の粒

考え方 雲の正体は，上空に浮かんでいる水滴や氷の粒である。

2 (1)　①降水　　②蒸発　　③流水
(2)　太陽

(1) 降った雨は，地表を流れるが，
その一部は地下水となる。

P.99

1 (1) 10.0℃
(2) 10.0℃
(3) 54%
(4) （気温が）低いとき

考え方 (2) コップの表面がくもり始めたと
きの温度が露点である。
(3) 10℃の飽和水蒸気量は9.4g/m³
で，20℃の飽和水蒸気量は17.3g/m³
である。したがって，湿度は
$$\frac{9.4\mathrm{g/m^3}}{17.3\mathrm{g/m^3}} \times 100 = 54.3\cdots\%$$

2 (1) （小さな）水滴
(2) （小さな）水滴
(3) 図1

考え方 (1)，(2) くもって見えたものは，容
器やフラスコの中の水蒸気が，水滴
に変わったものである。

単元3 気象
9章 気圧と天気

✓ **基本チェック** P.101・P.103

① (1) 等圧線
(2) 1000hPa
(3) 気圧配置
(4) ①高 ②低
(5) 強くなる。
(6) 高気圧
(7) 低気圧

② ①時計（右） ②下降 ③晴れ
④反時計（左） ⑤上昇 ⑥雨

③ 天気図

④ (1) 気団

(2) 前線面
(3) 前線
(4) ①名称…寒冷前線
　　記号…ア
②名称…へいそく前線
　　記号…ウ
③名称…停滞前線
　　記号…エ
④名称…温暖前線
　　記号…イ

⑤ (1) 温暖前線
(2) 上がる。
(3) 寒冷前線
(4) 下がる。

基本ドリル ❦ P.104・105

1 高気圧…エ　低気圧…ウ
考え方
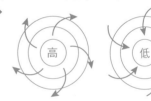
上の図のように，高気圧では，風は
時計まわり（右まわり）にふき出し，
低気圧では，風は反時計まわり（左
まわり）にふきこむ。ただし，これ
は北半球の場合で，南半球では，高
気圧の風は反時計まわりにふき出し，
低気圧の風は時計まわりにふきこむ。

2 ① ②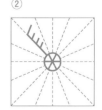

考え方 風力は0～12の13階級に分けて表す。
風力7と風力8
は，右の図のよ
うに表す。

風力7　風力8

3 (1) 気団
(2) 前線面
(3) 前線

4 (1) エ
(2) イ

考え方 (1) 図から，寒冷前線の前方の風向は南よりで，後方は北よりに変わっている。
(2) 図から，温暖前線の前方の風向は東よりで，後方は南よりに変わっている。

5 (1) 温暖前線
(2) A…暖気　　B…寒気
(3) 寒冷前線
(4) C…寒気　　D…暖気
(5) ①弱い　　②上がる

練習ドリル ❧ P.106・107

1 (1) 等圧線
(2) 4hPa
(3) 1012hPa
(4) 低気圧
(5) C

考え方 (3) 右の図は，問題の図の等圧線に，気圧をかき入れたものである。

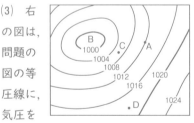

(4) まわりより気圧の高いところを高気圧，まわりより気圧の低いところを低気圧という。
(5) 等圧線の間隔のせまいところほど，強い風がふく。

2 (1) 高気圧…ウ　　低気圧…イ
(2) ①低　　②反時計（左）

考え方 (1) 高気圧の中心付近では，下降気流が生じる。下降気流では，空気が圧縮されるので，温度が上がり，水

滴などは水蒸気になって消えてしまい，雲がなく晴れることが多い。

3 (1) 温暖前線
(2) 寒冷前線
(3) 寒冷前線
(4) 寒気

考え方 (2) 強い上昇気流によって，積乱雲ができる。
(4) 下の図のように，しきり板で2つに分けた水そうの中に，冷たい空気とあたたかい空気を入れて，しきり板をとると，冷たい空気が下に，あたたかい空気が上にくる。

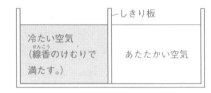

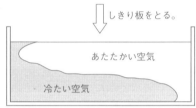

このことから，冷たい空気のほうが，あたたかい空気よりも重いことがわかる。また，上の図から，気団と気団の境界面（前線面）のようすを見ることができる。

4 (1) A…積乱雲　　B…乱層雲
(2) C
(3) F

考え方 (1) 寒冷前線は，寒気が暖気の下にもぐりこみ，暖気をおし上げながら進む前線で，積乱雲が発達する。温暖前線は，暖気が寒気の上にはい上がりながら，寒気をおして進む前線で，乱層雲が発達する。
(2) 寒冷前線付近では，激しい雨が短時間に降る。
(3) 前線は低気圧と一体となって進んでいく。

1
- (1) 1008hPa
- (2) B地点
- (3) 風向…南　　風力…3
- (4) 高気圧

■考え方▶ (1) 等圧線は4hPaごとに引かれている。
(2) B地点のほうが，等圧線の間隔(かんかく)がせまい。

2
- (1) 下の図
- (2) A…高気圧　　B…低気圧
- (3) 下降気流

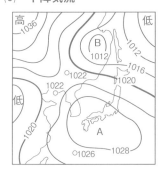

■考え方▶ (1) 等圧線は4hPaごとに引かれているので，1020hPaより上では，1024，1028，1032，1036hPaの等圧線が，1020hPaより下では，1016，1012hPaの等圧線が引かれている。どの等圧線が，何hPaを示すかに注意する。

3
- (1) ⓐ…寒冷前線　　ⓑ…温暖前線
- (2) B
- (3) イ
- (4) エ

■考え方▶ (2) 温暖前線と寒冷前線の間の地域は晴れている。
(3) 温暖前線は，暖気が寒気の上にはい上がり，寒冷前線は，寒気が暖気の下にもぐりこみながら進む。
(4) 温暖前線の前線面には，ゆるやかな上昇(じょうしょう)気流が生じ，層状の雲(乱層雲)ができる。

4 ウ

■考え方▶ 温暖前線の前方には乱層雲ができ，広い範囲(はんい)で弱い雨が降る。

1
- (1) ①シベリア気団
②小笠原(おがさわら)気団
③オホーツク海気団，小笠原気団
- (2) ①小笠原気団
②シベリア気団
③オホーツク海気団

2
- (1) A
- (2) 夏…南高北低　　冬…西高東低
- (3) 夏…太平洋高気圧
冬…シベリア高気圧
- (4) ①雪　　②晴れ

---

3 ①移動性　　②晴れ
③雨　　④やすい

■考え方▶ 春や秋には，移動性高気圧と低気圧が交互(こうご)に日本付近を通過するため，天気が周期的に変わる。

4
- (1) ①太平洋　　②オホーツク海
③停滞(ていたい)　　④雨
- (2) 梅雨前線

5
- (1) 台風
- (2) 偏西風(へんせいふう)
- (3) 海風

基本ドリル　P.114・115

1 (1) 図1…夏　　図2…冬

(2) 図1…小笠原気団

図2…シベリア気団

(3) ①図1　　②図2

考え方 (1) 図1は気圧配置が南高北低になっているので夏，図2は西高東低になっているので冬である。

2 (1) 熱帯低気圧

(2) 西→東

(3) 偏西風

考え方 台風は熱帯の太平洋上で発生し，北上する。日本付近にくると，偏西風の影響で，西→東の向きに進むことが多い。

3 (1) 梅雨前線(停滞前線)

(2) 冷たく湿った気団…オホーツク海気団

あたたかく湿った気団…小笠原気団

(3) 雨(やくもり)の日が続く。

考え方 気団は，日本の四季の天気に関係している。

シベリア気団…冬，オホーツク海気団…つゆ，小笠原気団…夏，つゆ

4 (1) ①西　　②東

(2) ①西　　②東

(3) ①海風　　②高く　　③低く

④陸風　　⑤低く　　⑥高く

練習ドリル　P.116・117

1 (1) シベリア気団

(2) シベリア気団

(3) オホーツク海気団，小笠原気団

(4) 温度…高い　　湿度…高い

考え方 (2) 冬は，冷たく乾燥したシベリア気団から北西の季節風がふく。

(3) つゆのころ，冷たく湿っているオホーツク海気団とあたたかく湿っている小笠原気団がぶつかり合って，梅雨前線ができる。

(4) 夏に発達する小笠原気団は，あたたかく湿っている気団である。

2 (1) 小笠原気団

(2) ア

考え方 (1) 天気図は南高北低の気圧配置になっているので，季節は夏である。夏に発達する気団は小笠原気団である。

3 (1) 春・秋

(2) 停滞前線

(3) つゆ

(4) A…冷たく湿っている

B…あたたかく湿っている

考え方 (3) 秋の長雨のころにも，似た気圧配置になる。

(4) Aはオホーツク海気団，Bは小笠原気団である。北にある気団は冷たく，海上にある気団は湿っている。

4 (1) 陸

(2) イ

(3) 海風

考え方 (1) 陸は海よりもあたたまりやすく，冷めやすい。

(2) 風は気圧の高いほうから，低いほうに向かってふく。

発展ドリル　P.118・119

1 (1) A…夏　　B…冬

(2) 小笠原気団

(3) 北西

(4) 晴れ

考え方 (1) Bは西高東低の気圧配置で，等圧線が南北方向に並ぶ，典型的な冬の天気図である。

2 (1) 天気…雨　　風向…南東

(2) 1008hPa

(3) 停滞前線(梅雨前線)

(4) 気団名…オホーツク海気団

性質…冷たく，湿っている。

気団名…小笠原気団

性質…あたたかく，湿っている。

(5) つゆ

考え方 オホーツク海気団がおとろえ，小笠原気団の勢力が強まると前線が北上し，日本列島は南からつゆが明けていく。

3 (1) 東

(2) くもり→雨→晴れ

(3) 周期的に変わる。(変わりやすい。)

考え方 春や秋の天気の特徴は，晴れと雨が交互にくり返されることである。

4 ①水蒸気　②雪　③水蒸気
④乾燥　⑤晴れ

まとめのドリル ①P.120・121

1 (1) ①快晴　②晴れ　③くもり

(2) ①風力　②風速(風の速さ)

(3) ①大気圧(気圧)　②1　③低く

(4) ①面を垂直におす力
②力がはたらく面積

考え方 (3) 1気圧＝約1013hPaである。

2 (1) 図1…寒冷前線
図2…温暖前線

(2) 積乱雲

(3) ア

考え方 (3) イは停滞前線，ウは寒冷前線，エはへいそく前線を表している。

3 (1) B

(2) ア

(3) くもりや雨になる。

考え方 (1), (2) 晴れの日の気温は，明け方に最も低くなり，正午過ぎに最も高くなる。

4 (1) 雨の日

(2) 雨の日

考え方 (1) コップの表面がくもり始めたときの温度が露点である。露点が高いほど，空気中にふくまれている水蒸気量は多い。

(2) 雨の日は，晴れの日よりも空気中にふくまれている水蒸気量が多いので，露点も高い。

5 ①冬　②つゆ　③夏　④春

まとめのドリル ②P.122・123

1 (1) 乾湿計

(2) A…乾球温度計
B…湿球温度計

(3) 77%

考え方 (3) 乾球の示度が13の行と，乾球と湿球の差が2の列との交点の値を読みとる。

2 (1) ウ

(2) 12cm^2

(3) 7.2N

(4) 6000Pa

考え方 (3) 直方体がスポンジをおす力の大きさは，どの面を下にしたときでも同じで，7.2Nである。

(4) ウの面を下にしたときの圧力は，ウの面の面積が12cm^2＝0.0012m^{2}より，
$\dfrac{7.2N}{0.0012m^2}$＝6000Pa

3 (1) ①氷　②冷やされ

(2) 霧

考え方 (2) 雲は空気の上昇によって膨張し，温度が下がってできるものである。

4 (1) エ

(2) A

(3) エ

考え方 (1) 風向は，右の図のようになることに注意する。

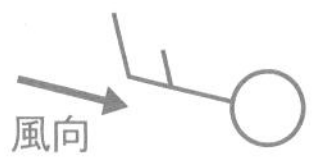

風向

定期テスト対策問題(6) P.124・125

1 (1) 晴れ
(2) 南東
(3) 60%

考え方 (1) 空全体の半分程度の雲なので，雲量2〜8の範囲になるため，晴れである。
(2) 風向とは風のふいてくる方向のこと。風向計の細くなっているほうの先が指す向きが，風向を表している。

2 (1) 記号…C　水蒸気量…10g/m³
(2) 記号…A　湿度…50%
(3) B

考え方 (2) 湿度とは，ある空気にふくまれる水蒸気の量が，その温度の飽和水蒸気量に対してどれぐらいの割合であるかを，百分率(%)で表したものである。

3 (1) 下の図
(2) 右の図
(3) 積乱雲

4 (1) A…冬　B…つゆ　C…夏
(2) シベリア気団
(3) 梅雨前線
(4) オホーツク海気団
(5) 小笠原気団

考え方 (5) 小笠原気団が日本付近をおおうと，暑くて湿度の高い夏となる。

定期テスト対策問題(7) P.126・127

1 (1) 露点
(2) ア

考え方 (2) 晴れの日は，湿度の変化は大きく，気温と湿度の変化のようすは逆になる。

2 (1) ①10.3g　②55%
(2) ①5.8g　②100%

考え方 (1) ①23.1g−12.8g=10.3g
② $\frac{12.8g/m^3}{23.1g/m^3} \times 100 = 55.4\cdots\%$
(2) ①23.1g−17.3g=5.8g
②空気中の水蒸気が飽和の状態にあるときの湿度は100%である。

3 (1) イ
(2) 低くなったから。

考え方 袋の中の気圧に比べて，袋の外の気圧が低くなると，袋はふくらむ。高い山の山頂では気圧が低くなるので，袋はふくらむ。

4 温暖前線…イ
寒冷前線…エ

考え方 温暖前線が通過すると，気温は上がり湿度は低くなる。反対に，寒冷前線が通過すると，気温は下がり湿度は高くなる。

5 (1) 冬
(2) 西高東低
(3) シベリア気団
(4) 北西
(5) 低い

考え方 (2) 天気図から西側に高気圧があり，東側に低気圧がある。
(4)，(5) 冬にシベリア気団からふく北西の季節風によって，日本海側は雪の日が多く，太平洋側は乾燥した晴れの日が多い。